电磁轨道发射装置
电磁环境及其测试技术

Electromagnetic Environment and
Parameter Measurement for Railgun

◎ 曹荣刚 张庆霞 著

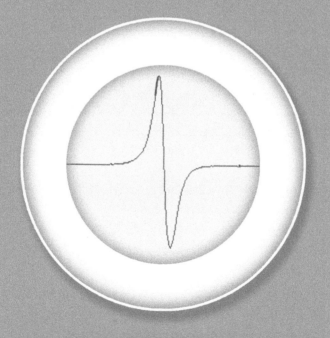

北京理工大学出版社
BEIJING INSTITUTE OF TECHNOLOGY PRESS

图书在版编目（CIP）数据

电磁轨道发射装置电磁环境及其测试技术/曹荣刚，张庆霞著 . —北京：北京理工大学出版社，2019.3

ISBN 978 - 7 - 5682 - 6821 - 9

Ⅰ．①电…　Ⅱ．①曹…②张…　Ⅲ．①电磁推进 - 轨道发射 - 电磁环境 - 研究　Ⅳ．①V514

中国版本图书馆 CIP 数据核字（2019）第 041434 号

出版发行 / 北京理工大学出版社有限责任公司

社　　址 / 北京市海淀区中关村南大街 5 号

邮　　编 / 100081

电　　话 / （010）68914775（总编室）

　　　　　（010）82562903（教材售后服务热线）

　　　　　（010）68948351（其他图书服务热线）

网　　址 / http：//www.bitpress.com.cn

经　　销 / 全国各地新华书店

印　　刷 / 北京虎彩文化传播有限公司

开　　本 / 710 毫米 ×1000 毫米　1/16

印　　张 / 15

字　　数 / 244 千字

版　　次 / 2019 年 3 月第 1 版　2019 年 3 月第 1 次印刷

定　　价 / 75.00 元

责任编辑 / 杜春英

文案编辑 / 杜春英

责任校对 / 周瑞红

责任印制 / 李志强

前　言

　　从广义的范畴看，电磁轨道炮可以归为一种特殊的"电动机"，当今社会广泛应用的各种旋转电动机、磁悬浮直线电动机等都属于"电推"的概念，虽然技术途径可能大相径庭，但都可划归为载荷受电磁力加速的范畴内。从经典电磁学角度分析，看不见摸不着的电磁场在真空中以光速传播，电磁力的响应时间、作用距离和真空即可传递作用等特性对工程师有非常大的吸引力。电磁发射技术被认为是新一代的载荷发射技术，在军民应用的诸多领域前景广阔，在海陆空天等平台都有潜在的重大应用场景。当今最典型的两大军事应用即电磁弹射器和电磁轨道炮。电磁弹射器和电磁轨道炮的应用场景大相径庭，前者需要把几十吨的飞机在百米内加速到近百米每秒的速度，后者则需要把几公斤至几十公斤的载荷在 10 m 左右加速到 2 000 ~ 2 500 m/s 的速度。本书讨论电磁炮，作为发展最为迅猛的电磁轨道炮，该技术从概念提出到当今各国的工程化演示验证项目，经历百年科技沉淀，有望在 21 世纪实现真正的工程化应用。

　　本书介绍近年来国内外研究较为活跃的电磁发射技术，该技术领域的科学研究和工程应用由美国引领，国内外研究热情高涨。在不同的电磁发射技术中，本书侧重于电磁轨道发射技术原理及其发射装置关键参数测量测试等相关研究内容，旨在通过分析相关研究成果，为相关科研工作人员以及希望了解该领域技术和背景的研究人员提供帮助；本书同样适用于对该技术领域感兴趣的其他各类人员。

　　第 1 章介绍电磁轨道发射技术的起源以及技术发展路线概况。阐述了电磁轨道发射技术及其应用背景在社会经济和工程应用中的位置和蓝图；阐述和总结了国内外电磁轨道发射技术发展现状以及未来应用和发展前景；简要介绍了文献公开的美国实验室装置、我国实验室装置和其他典型实验室装置的相关资料。

　　第 2 章介绍电磁轨道发射技术的原理与仿真建模计算。基于电路和电磁场仿真模型，分析计算了一种典型电磁轨道发射装置发射过程中放电和电枢加速的过程；对关键参数和发射器典型动态过程进行了分析计算。

第 3 章分析了国内外实验室装置测试诊断技术及其手段。重点介绍了关键的电枢速度测量方法、B 探针在测量测试中的应用，以及连续速度和电流耦合测量测试方法改进等，并探讨了未来工程化发射器 B 探针阵列测试测量手段展望。

第 4 章面向工程化发射器，讨论了内膛损伤诊断与测量测试技术和应用；分析了常见的内膛损伤种类及其特征，研究了内膛损伤诊断方法，研制了内膛损伤诊断测试装置，并给出了实验室测量测试数据验证。

第 5 章面向紧凑型工程化发射系统，阐述和分析了系统电磁环境，获得了发射器周围电磁信号频谱特征，重点研究了开关附近电磁场的时频特性，给出了一种典型装置汇流排与充电及附近磁场水平，并探讨了滑动电接触界面附近的电磁环境水平。

希望本书对电磁轨道炮、系统总体和电磁兼容等的设计人员提供有益的帮助，希望相关专业的学生和对电磁轨道炮感兴趣的军事爱好者也能有所收获。

衷心感谢国家自然科学基金青年基金项目 51407010 和北京特种机电研究所相关课题的支持和帮助，感谢相关研究团队长期给予的支持和帮助！

本书在撰写过程中，特别感谢张广为、董二娃、朵祯、李涛和周宇等研究生的编辑、校对工作；感谢北京理工大学机电学院信息感知与对抗课题组各位老师的支持；感谢北京特种机电研究所等科研机构各位同事和领导的大力支持；最后，感谢家人的支持与鼓励。

由于作者水平有限，书中难免存在不妥之处，敬请广大读者批评指正。

作　者
2018 年 12 月

目　录

1

电磁轨道发射技术

　　"电磁发射技术"是新一代武器发射技术，利用电磁力推动弹丸加速，可实现超高速武器发射任务。与传统火炮类发射技术相比，其发射机理新颖，具有弹丸初速高（可轻易突破 $2\sim3$ km/s），射程远，威力大，炮口初速连续可调，落点速度高，终点毁伤方向性好，射速高，弹丸维护简单，作战费效比低等诸多优点。该种发射技术有望部分取代无烟火药类基于化学能的发射药发射技术，是当今新型武器发射技术的研究热点之一。

　　电磁轨道炮是"电磁发射技术（Electromagnetic Launch，EML）"中的研究热点，幅值可高达数兆安培（MA）的脉冲电流，流经一对金属导轨和一块可沿金属轨道滑动的铝合金滑块，滑块受电磁力作用而被加速到超高速，进而推动滑块前的弹丸达到极高的炮口初速。近 30 年来，世界各国积极开展研究，以军事需求牵引为主。当前，美国相关研究处于领先地位，据文献披露，其海军创新样机计划采用的 BAES 公司紧凑型发射器已经初步通过寿命试验，计划将其作为未来新型战舰的主力舰炮。

　　电磁发射技术属于一门新型的交叉领域技术，仍有许多关键的工程技术和科学问题需要解决。近 30 年来，相关领域国际学术交流广泛而活跃，每两年召开一次的"国际电磁发射技术大会"是世界各国相关领域专家沟通的盛会。从学术文献披露检索来看，我国相关研究成果（发表论文、被 SCI 收录和发明专利等成果）逐年增多，可以预见该领域必将促进相关基础学科进一步发展。

　　本章内容涵盖电磁发射技术起源、电磁轨道发射技术简介、电磁发射技术应用和电磁发射技术国内外发展现状等内容。面向电磁轨道发射技术，通过相关内容基本介绍，旨在为读者提供一个较为宏观和全局的认识。

1.1　发射技术的起源与现状

从古至今，人类从未停止加速物体到更高速度的梦想。加速物体到更高的速度对人类社会有着重要的影响。公元前四世纪，阿基米德研制的投石车可以发射重达 78 kg 的物体，罗马军队的投石车可以发射重达 160 kg 的物体。早期这类基于绳索弹性储能的机械发射装置最大的问题就是储能密度比较低。

从大约公元 1300 年开始，化学推进装置开始应用到各类枪械中。化学推进剂的储能密度比弹弓和投石车的弹性势能储能密度高得多，物体可以被加速到几千米每秒的速度。以枪械为例，为了达到更高的发射初速度，需要推进剂燃气分子质量较小，或燃气温度较高。燃气温度受客观物理条件制约，而减小燃气分子质量就是提高速度的一个重要方向，其发展到极限就是现在所谓的"轻气炮"。单级的常规火炮和轻气炮都会受到燃气声速制约，空气的声速为 343 m/s，氢气的声速可以达到 1 200 m/s；化学火箭可以突破声速极限，例如深空火箭可达到第一宇宙速度 11 km/s，但是化学火箭最大的问题是其有效载荷通常不超过 1% 的质量。化学发射装置虽然比机械能储能密度高得多，但它仍然有许多问题，生产、储存、维护和使用要非常小心，传统的火炮最高膛压可能是内弹道平均膛压的 3～5 倍，因此对发射器的结构设计也提出了较高的要求。

总体来看，军事等领域始终追求更大载荷、更高效率、更高初速、更低成本的弹射技术。以被投送载荷的动能转化来源特点分类，大致可以分为三个阶段，第一阶段，基于弹性形变产生的弹性势能的发射技术，如绞索式投石车、弓箭和弹弓等；第二阶段，基于化学能的发射技术，典型应用可参考常规火药枪炮发展历史，经历了从黑火药到无烟发射药的发展历史，目前常规的单兵轻武器枪械以及常规火炮，基本原理是利用发射药在密封腔体燃烧产生高压燃气推动弹头加速，达到较高的速度；第三阶段，基于电能的发射技术，典型应用就是电磁轨道炮和电磁线圈炮。

用电能直接加速载荷的想法和思路从文献考究上看大约诞生于 19 世纪中期，1845 年英国物理学家查尔斯·惠斯通（Charles Wheatstone）制造了世界上第一台直线磁阻电动机，并利用这台机器把一段金属棒抛射到20 m 远的地方[1]。第一个明确地提出电磁炮概念，并坚持不懈地进行长期试验的是挪威奥斯陆大学物理学教授克里斯蒂安·伯克兰（Kristian Brikeland），从 1897 年到 1917 年，在长达 20 年的时间里，伯克兰教授不断改进和试验他发明的电炮，并于 1901—1903 年获得三项电炮技术专利[2]。1901 年，他制成第一个电磁线圈炮，并利用该线圈炮把 0.5 kg 的炮弹加速到500 m/s；1903 年制成的第二个线圈炮把 10 kg 的物体加速到 100 m/s。

1916—1918 年，法国军械和战争物资部启动了电磁轨道炮的研究。1920 年，法国的福琼·维莱普勒（Fauchon Villeplee）发表了《电气火炮》一文。1921—1922 年，他获得了三项美国电炮专利，其中第二项专利提出了简化型和增强型轨道炮的概念[3]。1936 年，南斯拉夫作战部的一位雇员又以同样的方式重复了这些试验。几乎与此同时，美国费城的电炮公司研制了用于火炮的电磁加速器。

第二次世界大战期间，德国和日本等国都曾开展过电磁炮的研究。1944 年，Joachim Hansler 博士和 Bunzel 总检验师在马格德堡的训练场，对 10 mm 的线圈炮进行试验，靶板是装甲板，电源为汽车蓄电池和电容器，用发电机进行供电，但试验并未取得成功。德国的 O Muck（Joachim Hansler 的助手）于 1945 年提出电热炮的设想，但并未付诸实际试验。1945 年，Joachim Hansler 使用直径为 20 mm、长为 2 m 的轨道炮（LM2）进行试验，起初在柏林进行试验工作，后来改到巴伐利亚 Klais 附近的一条铁路隧道里进行，LM2 最终把 10 g 的铝制圆柱加速到 1 210 m/s。随着第二次世界大战结束，Joachim Hansler 博士的研究工作也中止了。

第二次世界大战结束后，Joachim Hansler 的电磁炮研究项目受到美军关注。1946 年，美国陆军装备部委托装甲研究基金会专门对 Joachim Hansler 的技术加以评估，得出能源供应问题无法解决的结论，此外轨道炮的轨道材料问题也不好解决，因此相关研究工作逐渐停滞。

第二次世界大战前，大约有 45 个电发射的专利，第一个是前面提到的伯克兰在 1901 年获得的 "Patent Electric Cannon"，现如今在挪威奥斯陆的科学博物馆里展览。几乎同时，维莱普勒发表了《Cannons Electrique》（1920）书籍，并成立 Philadelphia Electric Gun Company 研制电炮。随后的时间，有许多独立的研究。例如德国和日本在第二次世界大战期间尝试过电炮研究。美国海军和空军资助了不少相关研究，美国 Westinghouse 公司制造了名为 "Electropult" 的发射装置，在 20 世纪 50 年代 General Electric 也进行了相关的试验。因项目支持不连续和当时技术水平制约，以上努力均没有成功研制出可以使用的发射装置。

虽然早期的电磁发射技术研究很不成功，但电磁推进技术从原理上避开了声速极限问题，其理论上的速度极限是光速；此外，电发射因具备更均匀的内弹道加速曲线、更灵活的控制方式等优点始终吸引着各国研究人员。20 世纪 70—80 年代初，受包括星球大战、星际殖民构想、超高速冲击科学研究、悬浮列车、磁能武器、冲击核聚变等许多因素影响，电磁发射 EML 科学与技术重新被重点研究。

1974 年 9 月，《Physics Today》刊登了普林斯顿大学物理学教授 Gerard O'Neill 设想使用同轴直线电动机在月球表面发射到 L5 拉格朗日轨道的文章。随后麻省理工学院（MIT）的 Henry Kolm 也加入其工作，并研制了当时美国第一台称作"Mass driver"的实验室型线圈炮。

同时，澳大利亚国家实验室的 Richard Marshall 发明了固态金属电刷，基于当时世界上最大的单极发电机（550 MJ），在一个 5 m 的轨道炮上把 3 g 聚碳酸酯弹丸加速到 5.9 km/s，第一次验证了电磁发射技术具备将足够质量的物体加速到超高速的能力。

这一时期美国陆军在研发远程榴弹炮过程中发现，化学推进的效果几乎已经达到极限。随后美国陆军开始研讨论证新的推进技术，电磁发射技术由于其诸多优点而再次受到军方重点关注。需要指出的是，当时许多人被电磁能发射装置的优点吸引，然而也有许多美国陆军高级技术文职研究人员坚持认为电炮并不可行，还有不少人强调过去几十年电磁发射技术并不成功的研制历史。然而，国防办公室的领导人当时还是在这场辩论中排除种种疑问，启动了先期相关研究工作。

1.1.1　评估时期

最开始成立了相关的专业组（U. S. National Advisory Panel，成员有 Henry Kolm, MIT; Peter Mark, Princeton University; James Powell, Brookhaven National Laborary; William Weldon, University of Texas; Richard Marshall, Australian National University/Westinghouse Research and Development Center; Philip Thullen, Los Alamos Scientific Laboratory; Peter Kemmey, Thaddeus Gora, Harry Fair, ARRADCOM）用来帮助评估脉冲电源、定向能、电磁发射器以及其他相关的技术能否用于实际工程应用的可能。很明显，20 世纪 70 年代以前的半个多世纪里，有着大量电炮研究的尝试，但无一获得实用性的成功，技术条件制约是一个原因，另一个重要原因则是缺乏长期的持续的项目经费支持。此外，受电磁发射技术在发射领域换代革命的潜在威胁，电炮的研究还受到化学发射研究团体的直接反对。

面对这种局面，美国国防部 DoD 采取了相关措施：

①协调各种政府机构的相关研究和管理工作。

②发展基础科学。

③发展工程技术。

④提升研究质量。

⑤开展科学技术教育。

⑥规范文档和出版。

⑦探索新的应用方向等。

这一时期，Westinghouse 受资助研制了名为"EMACK"的电磁发射系统，成功将 100 g 的弹丸加速到 4.2 km/s。为了确保研究质量，IEEE 协助组织了电磁发射技术会议（Electromagnetic Launch Technology Symposium），第一届于 1980 年在美国加利福尼亚州圣地亚哥举办。论文集经过同行评议，最终发表在《Specialissue of the IEEE Transactions on Magnetics》上。（近些年被收录在《IEEE Transactions on Plasma Sciences》中）。

1.1.2　技术发展时期

随着时间推移，DARPA（Defense Advanced Projects Research Agency，国防先进项目研究机构）逐渐成为支持大学和工业部门 EML 研究的主要资助方。DARPA 资助了第一届和第二届电磁发射技术会议。20 世纪 80 年代美国国防部主导相关技术的研究项目，DARPA 和美国陆军主要资助工业和大学机构验证发射器的可行性（炮口动能大于 8 MJ，初速度为 2.5 km/s）。20 世纪 80 年代中期，Strategic Defense Initiative 主要资助等离子体电枢相关研究。这个时期所有的演示验证项目都很成功，但是仍然存在基础的科学技术问题以待解决。

随后，美国国会和陆军在得克萨斯州成立先进技术研究所（Institute for Advanced Technology，IAT），开展基础物理理论、仿真分析工具和实验研究等工作，以解决主要的超高速物理和 EML 技术中碰到的重大科学技术问题。

总体来看，基于电磁发射技术将物体加速到高速的可行性得到正面的验证确认。电磁发射科学与技术愈发成熟，世界上越来越多的国家和机构参与到 EML 科学与技术的发展中来。

1.1.3　电源

功率和能源仍然是制约 EML 诸多应用的技术瓶颈。针对地面非移动平台以及大型海军作战平台，电源尺寸和质量问题不是很突出，但许多其他 EML 应用场景对机动性要求较高。储能电容器被广泛应用，电容器储能密度相比传统的 1 J/g 的水平有了长足的进步。电容器和脉冲成型网络仍是大部分应用的首选电源类型，但成本问题和热管理系统需要在连发重复发射装置中予以考虑。美国陆军曾经资助研究过单极发电机类型的脉冲电源，只关注高机动的轻型系统，由于脉冲功率发电机进展缓慢，美国陆军已经终止了 EML 的相关项目研究工作。当前美国的电磁发射技术主要受DARPA 和美国海军资助研究。

1.1.4　发展趋势

电磁发射技术国际化交流广泛，1980 年在美国加利福尼亚州圣地亚哥召开了第 1 届电磁发射技术会议。在第 2 届会议上，国际电磁发射技术委员会设立以已故的彼得·马克（Peter Mark）教授命名的"彼得·马克"勋章，以奖励对电磁发射技术与教育有杰出贡献的人，澳大利亚国立大学的 Richard A Marshall 博士获得第一枚"彼得·马克"勋章。2012 年，在第 16 届电磁发射技术会议上，北京特种机电研究所的李军博士获得"彼得·马克"勋章。2018 年，在第 19 届国际电磁发射技术会议上，清华大学的于歆杰教授获得"彼得·马克"勋章。

近 10 年来，以美国海军创新样机计划为代表的电磁轨道炮发展迅速，技术成熟度不断提高，根据美国 2014 年和 2017 年公开披露的 BAE 系统公司的大口径电磁轨道炮资料看，美国海军电磁轨道发射器已经实现 32 MJ炮口动能的演示项目，可实现 10 kg 弹丸，炮口初速 2.5 km/s，落点速度1.7 km/s 的技术指标。其正在积极推进面向连发发射的脉冲功率电源热管理、发射器和相关超高速一体化弹药的关键技术研究。

2008 年 1 月 31 日，美国海军在海军水面作战中心成功进行了电磁轨道炮发射试验，发射动能达到 10.64 MJ，炮口初速为 2 520 m/s。

2009 年，美国德州大学阿灵顿分校先进技术研究所研发了一种利用等离子驱动的电磁轨道炮装置，该装置的炮管长 7 m，加速度达 500 kg，电压为 7.5 kV，电感梯度为 0.40 μH/m，可以将 5～10 g 的低质量弹丸加速至 7 km/s[4]。

2009 年 10 月 22 日，通用原子公司电磁系统部（GA – EMS）使用该公司研制的"闪电"防空电磁轨道炮样机系统成功进行了首次多发发射。试验中，"闪电"电磁轨道炮发射的炮弹可达到 1 785 m/s。

2010 年 12 月 10 日，美国海军用一门试验型电磁轨道炮发射了一枚矩形钢制炮弹，创造了炮口动能 33 MJ 的世界纪录，可使炮弹的射程达到204 km。该试验完成后，还进行了一次炮口动能 32 MJ 的发射试验，将重10.4 kg 的试验弹以 2 500 m/s 的炮口初速射出。

2011 年 10 月 31 日，美国海军研究实验室所属材料试验研究室的电磁轨道炮成功完成了第 1 000 次发射试验演示，标志着在武器技术研制方面以及未来将武器集成到海军舰船方面实现了材料试验的里程碑。

2012 年 1 月 30 日，BAE 系统公司和通用原子公司分别向达尔格伦的海军水面作战中心提供了单发工程化样炮，并在同年 2 月成功进行了实验室环境下的试验和试射。工程化样炮的交付标志着电磁轨道炮在试验型发射器多次成功演示的基础上取得了进步。

2013 年 9 月，美国海军授权 BAE 系统公司正式启动第二阶段即连续发射的发射样机和脉冲电源的研发工作，首门样炮计划于 2014 年交付。11 月，美国海军还授予 BAE 系统公司 3 360 万美元的合同，用以开发并验证"超高速弹药"（Hypervelocity Projectile，HVP）。HVP 是美国下一代可多功能制导弹药，将装备于电磁炮和现役 127 mm 和 155 mm 舰炮。同年，美国通用原子公司在"2013 年美国陆军协会年会"上展出了陆基"闪电"（Blitzer）防空电磁轨道炮，计划将其作为近期电磁轨道炮解决方案推向市场。

2014 年 3 月 7 日，美国海军研究实验室所属材料试验研究室利用新研制的小口径电磁轨道炮试验台进行了试射。该试验台采用 25.4 mm 口径，可安装在配有先进电池的机动平台上，每分钟进行数次发射。该试射的成功进行标志着美军电磁轨道炮研究进入新的阶段。2014 年 7 月 10 日，美国海军研究实验室所属材料试验研究室将两门电磁轨道炮放置在"米利诺基特"号联合高速舰上进行展示，并宣布计划于 2016 年进行海上演示。两门电磁轨道炮分别由 BAE 系统公司和通用原子公司提供。此次安装在联合高速舰上进行海上演示，标志着美国舰载电磁轨道炮的发展向前迈进了重要一步。

未来仍有许多挑战：高储能密度电源、新型轨道炮电枢、系统效率提高，以及抗高过载电子元件等。Harry Fair 博士期望科研人员更加关注超高速发射技术（如 6 km/s 及以上的情况），以实现低成本的航天发射应用。目前发射 1 kg 有效载荷到航天轨道上大约需要 2 万美元，而电磁发射有望实现低成本发射任务。过去十几年，主要的研究项目集中在 2.5 km/s 的发射速度上，Harry Fair 期望全世界的研究人员积极开拓超高速电磁发射技术的发展。

1.2　电磁发射技术

以电磁炮为例，一个电磁发射系统包含脉冲功率电源系统、电磁发射器身管系统、一体化弹丸系统以及测量控制系统等部分，如图 1 - 1 所示。经由初级能源充电储能后，脉冲功率电源通过测控系统触发开关启动，向发射器注入大功率脉冲电流，驱动发射器内的电枢加速，一体化弹丸底部受电枢直接推动，最终加速到超高初速。

图1-1　电磁发射系统

1.2.1　发射器

　　按发射器身管结构原理大致可以分为线圈炮和轨道炮两大类，其发射身管部分结构示意图如图1-2和图1-3所示。图1-2是一种典型的轨道炮发射器结构，一对金属轨道左右放置，轨道中间是沿着金属轨道可以滑动的金属电枢，工作时电枢和轨道之间是金属和金属滑动电接触状态；脉

图1-2　轨道炮发射器结构示意图

冲功率电源将大电流从一个轨道注入，流经金属电枢，从另一个轨道返回电源，根据电磁感应定律，滑动的电枢会受到电磁力作用，最终效果是被加速沿轨道运动。图1-3是一种典型的线圈炮发射器结构，沿发射器结构有多极同轴定子线圈，弹丸线圈经过每一级定子线圈都会被加速，合理地控制脉冲功率电源激励多极同轴定子线圈，可以实现弹丸电枢线圈部分沿轴线不断被加速。与轨道炮的一个显著差异是，定子线圈和电枢线圈没有直接的电气连接，通过空间电磁场实现电路的耦合。

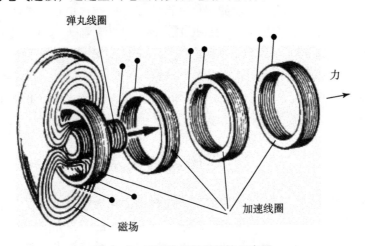

图1-3　线圈炮发射器结构示意图

　　轨道炮的导轨有单一、串联、并联和多层等不同的结构形式，根据导轨的形式不同，炮口截面的形状也各式各样。电枢主要有固体金属电枢、等离子体电枢和混合型电枢等。电磁炮研制的前期，对等离子体电枢的研究更多，近些年来国外更多报道了固体电枢的试验情况。面向超高速 2 000 m/s 以上发射的电磁炮系统，目前基本上以电磁轨道炮结构为主。

　　1）试验型发射装置

　　由于电磁轨道炮的发射装置在工作过程中不仅承载兆安级大电流，而且接触副之间有相对速度达数千米每秒的滑动电接触，这种极端的电、力、热冲击条件下的材料特性和结构特性数据皆为空白。了解发射过程、探索发射规律和积累材料基础数据，需要结构便于调整、材料易于更换、状态可以检测的试验型发射装置。试验型发射器的水平间接标志着电磁炮发射技术的水平和发展。

　　美国以应用方为牵引，启动多校联合研究计划（Multidisciplinary University Research Initiative，MURI）进行了高技术基础性研究，得克萨斯大学专门建立先进技术研究所（IAT）进行电磁轨道发射基础研究和关键技术研究，研制的试验型发射装置如图 1-4 所示。在此系统上，IAT 完成了 MA 级通流轨道结构、材料和枢轨配合的优化研究，实现了 2 000 m/s 级炮口速度无烧蚀免刨削现象，为美国海军远程动能电磁炮论证提供了基础数据和关键技术验证[5,6]。

图 1-4　电磁轨道发射器（IAT）

2008 年 1 月 31 日，美国海军水面作战中心公布了在美国维吉尼亚州达尔格伦海军水面作战武器中心（Dahlgren Surface Warfare Center）的电磁轨道炮发射试验结果，其炮口动能达到了 10.6 MJ，使用的试验型发射装置如图 1 – 5 所示[7,8]。该装置是针对出口动能 32 MJ 应用背景的 1∶1 研究装置，电流承载能力超过 5 MA。2010 年 12 月 2 日公布的 33 MJ 试验结果显示，该装置的最大出口动能超过了计划的 32 MJ。该装置运行次数超过千次，积累了大量的基础数据。他们提出 D 型轨道结构有利于解决烧蚀与刨削问题，提供了发射装置寿命问题解决的基本途径。

图 1 – 5　达尔格伦试验型发射装置

法德国防部共同组建联合实验室法·德圣路易斯研究所（French – German Research Institute Saint Louis's，ISL），1998 年建成了"PEGASUS"电磁轨道发射器，并在随后的几年中进行了多次优化与改进，成为 ISL 发射研究的主要发射装置。该装置身管长度为 6 m，具有分布式能量馈送能力，采用独特的铜刷电枢，用 10 MJ 电容型储能脉冲电源进行了大量实验，电压为 10.75 kV，电流承载能力达 2 MA[9]。ISL 早期的发射器装置，采用 50 mm 圆形口径，把质量为 356.8 g 的电枢加速到 2.24 km/s，效率达到 29.9%。2002 年，该试验型发射器优化为方口径，如图 1 – 6 所示，此结构更加容易控制条件和拆换部件，有利于试验研究。此发射装置可以将质量为 300 g 的电枢加速至 2.4 km/s，也可将质量为 1 kg 的弹丸发射到 2.0 km/s 以上的速度，发射效率超过 25%，ISL 关于高速滑动电接触的基础数据主要来自这些发射系统，在此基础上获得了发射器口径结构、电枢结构、分布式馈电和材料等因素对发射稳定性和轨道寿命的影响[10]。

图 1 - 6　ISL 方口径电磁轨道发射装置 PEGASUS

　　许多其他国家也在进行电磁轨道发射的研究，如俄罗斯科学院、德国慕尼黑技术大学、澳大利亚国防部实验室、日本的工业技术院化学技术研究所等，但从试验发射装置的规模和研究的连续性来看，与欧美的研究相去甚远。伊朗和朝鲜等亚洲国家近年来也陆续开始了电磁轨道发射的研究，处在起步和学习阶段。

　　我国在"九五"期间部署了相关研究，中国工程物理研究院流体物理所和中国科学院等离子体所基于等离子体电枢研究电磁炮技术，研制的试验型发射器将质量为 30 g 和 50 g 的电枢加速到 3 000 m/s。"十一五"期间，中国科学院电工研究所（Institute of Electrical Engineering，IEE）与北京特种机电技术研究所（Beijing Institute of Special Electromechanical Technology，BISET）共同研制了系列试验型发射器，采用华中科技大学研制的固体电枢，炮口动能可以达到2.2 MJ，电能转换效率可达30%，在炮口速度为 2 000 ~2 500 m/s 的条件下进行了大量试验[11]，对发射器电流承载能力、轨道结构和材料进行了基础数据积累。

　　我国华中科技大学、南京理工大学和燕山大学等研究团队也相继开展了电磁轨道发射器研究，在各自的试验型发射装置上得到了电枢优化、结构优化和材料优化等方面的基础数据[12~14]。

总体而言，我国该项研究工作起步较晚，尚未完成基础研究及技术积累阶段。

上述发射装置都为单轨，采用相对简单的结构研究大电流滑动电接触的物理过程和状态演变过程，为轨道发射器寿命问题的解决提供了理论支撑和技术参考。

2）增强型发射装置

增强型发射装置是电枢加速过程中在轨道上叠加磁场，旨在提高电感梯度，使得轨道在承载同样电流的条件下电枢获得更大的加速度，是电磁轨道炮的重要发展方向之一。

外加磁场的方式有多种，基于效能考虑，各个团队的研究多集中在多轨的技术方案，法德实验室所研究的增强型发射器就是采用多轨方式，轨道为方口径，尺寸为 15 mm × 15 mm，轨道长度为 1.5 m，承载峰值电流约 300 kA，初速可达 1 120 m/s[15]。

在同样的通流条件下，采用增强型轨道可以得到更高的初速，而且能量转换效率也有所提高。这意味着要想得到相同的初速，增强型发射器所需的电流幅值可以远远小于传统型发射器，非常有利于轨道结构和电枢的设计。

美国由 IAT 研制的标志性增强型轨道发射装置[16]，身管长度为 2.23 m，口径为 17.5 mm × 39 mm，报道的电感梯度达到 1 μH/m，发射效率大于 50%，是目前世界领先的参数。

鉴于增强型轨道的优势，国内华中科技大学、武汉大学、南京理工大学、郑州机电工程研究所、燕山大学、中科院电工所（IEE）和北京特种机电研究所等均开展了相关研究。武汉大学通过对层叠式和并排式增强型轨道结构的分析和试验，得出了层叠式比并排式综合结果更好的结论。郑州机电工程研究所研制的多层串联增强型轨道炮，可将质量为 300 kg 的电枢加速至 35 m/s[17]。北京特种机电研究所和中科院电工所研制的增强型轨道发射装置长度为 1 m，口径为 30 mm × 60 mm，通流能力大于 500 kA，电感梯度为 1.3 μH/m，报道了将质量为 534 g 的电枢加速到 290 m/s 的试验数据[18]。

拘于电流跨接和结构复杂，多轨增强型发射器通流能力低于传统轨道型发射器，且被加速电枢前端的磁场环境复杂，应用受到一定限制。既要增强磁场提高推力，又要降低磁场对被加速体的影响，是增强型电磁发射装置需要进一步深入研究、解决的主要问题。

3）工程型发射装置

与试验型发射装置不同，应用背景下的工程型发射装置侧重应用的可靠性、稳定性和灵活性，因此摆脱试验型发射器繁杂的结构，紧凑化和轻量化是其重要标志。

针对远程大动能打击的作战需求，美国海军委托美国波音公司/英国航空航天公司（BAE）研制了 32 MJ 炮口动能的工程化原型样机，如图 1-7所示。另委托美国通用原子（General Atomics，GA）公司基于前期 3 MJ"闪电"（Blitzer）号发射器的技术研制了 32 MJ 原型样机，如图 1-8所示，于 2012 年在达尔格伦海军水面作战武器中心进行了寿命验证试验和技术比对后，进入了第二研制阶段[19,20]。

图 1-7　32 MJ 电磁炮（BAE）

图 1-8　"闪电"系列电磁炮：32 MJ/3 MJ（GA）

根据最新披露的美国电磁轨道炮发射试验情况，BAE 公司研制的大口径电磁轨道炮 2017 年在美军弗吉尼亚达尔格伦水面作战武器中心开展了连发重复发射试验，从公开视频和报道中可以看出（见图 1-9），美国海军工程化电磁发射器研制进展最快。

图 1-9　BAE 系统公司 2017 年样机

　　我国的相关团队对工程型发射器的结构与工艺也做了积极的探索，积累了大尺寸高强度一体化工程样机的设计经验和加工经验。中科院电工所针对工程应用要求发射装置紧凑化和小型化的特点，研制了一体化发射装置，如图 1-10 所示，其电流承载能力大于 600 kA，完成了 2 300 m/s 速度的试验验证。

图 1-10　小口径一体化身管

1.2.2 脉冲功率电源

脉冲功率电源是电磁炮的核心部件，电源曾经是制约电磁炮发展的最重要因素，20 世纪 60 年代，电磁炮研制就是因为脉冲功率电源问题而一度陷入停滞。进入 20 世纪 70 年代后，电源问题逐渐得到部分解决，最具实用价值一次试验是前面提到的：西屋公司建造的电磁炮，利用 17.5 MJ 的单极发电机，把重约 300 g 的弹丸加速到高于 4 000 m/s 的速度，炮口动能达到 2.8 MJ。

目前的脉冲电源储能技术有：

①旋转体惯性储能：交流发电机、单极发电机和补偿型脉冲交流发电机。

②直线惯性储能：磁通压缩发电机（MFCG）和脉冲磁流体发电机等。

③电感线圈储能：随着超导的不断发展，线圈储能会更加迅速。

④电容器储能：电容器的储能密度最低，但电容器的技术最为成熟，据称电容器是最有可能最先应用于实战化电磁炮试验的储能技术。

⑤电化学储能：诸如锂电池一类的化学储能技术有着高储能密度的特点，非常适合电磁炮电源体积的小型化目标，对电磁炮满足未来作战平台空间和质量要求的指标有重要的意义。

1）电容储能脉冲电源

在几种储能方式中，电容储能能量密度最低，但技术最为成熟，相应的充放电技术与开关也相对成熟，应用最为广泛，尤其是自愈式金属膜电容器技术的成熟，使得电容器储能密度大为提高，不但成为试验研究用电磁发射平台脉冲功率源的主流方案，而且成为未来工程应用的主要电源方案之一。

基于电容储能的电源采用模块化结构，每个单元包括储能电容、调波电感、开关和控制等部件，称为脉冲形成网络单元（Pulse Forming Unit，PFU），由 PFU 构成脉冲形成网络（Pulse Forming Network，PFN）实现大电流产生、控制与输出。

达尔格伦海军水面作战武器中心装备的脉冲电源储能规模超过 100 MJ，其中 81 MJ 由 GA 公司研制。图 1 - 11 所示为 6 模块脉冲电源系统照片，它由 2 横 3 纵共 6 个模块单元构成，每个模块储能 3 MJ，由 12 台 0.25 kJ 的电容并联而成。图 1 - 12 所示为达尔格伦海军电磁发射水面作战武器中心的 100 MJ 脉冲电源，这套电源为 2012 年出口动能 32 MJ 的电磁发射工程样机提供了支撑。目前进入带有制冷系统的电源模块研制阶段，储能规模为 200 MJ，系统运行频度为每分钟 10 次放电[21]。

图 1-11 调试中的 6 模块脉冲电源系统

与美国的技术方案不同，法德 ISL 实验室更加重视小能量模块单元的研究，单元模块储能 50 kJ，用多达 200 个基本单元构成的 PEGASUS 10 MJ 脉冲电源装置，可以为 6 m 长的发射器提供 12 路电流进行分布式馈电，每路电流 800 kA，12 路合成电流大于 2 MA，发射效率达到 30%[22,23]。

用相对较小能量的模块单元构成脉冲电源有利于电流馈入的精细调整，但是不利于能量规模的扩大和运行，适用于相对较小能量需求的脉冲功率应用。

我国电磁发射技术研究近 10 年发展迅速，已经具备 10 MJ 级脉冲电源的发射平台，技术途径与 ISL 的电源拓扑相似，根据不同研究团队的特点和需求，单模块储能为 50 kJ、100 kJ、150 kJ、200 kJ 和 250 kJ。南京理工大学研制的紧凑型 200 kJ 脉冲功率电源样机，由 2 个 100 kJ 的 PFN 模块单元构成[24]。利用该装置，得到了脉冲电抗器的温升和热应力与电源效率和

图1-12　达尔格伦电磁发射研究中心的脉冲电源

脉冲电抗器的机械结构强度之间的关系，对 PFN 的高频度运行进行了有益的尝试。

基于电容储能的电源的发展得益于自愈式金属膜电容器技术的出现和储能密度的提高，脉冲电容器的储能密度近 10 年几乎提高一个数量级，GA 公司收购 Maxwell 脉冲电容器技术后发展尤为迅速，仅 2011—2012 年间，电容储能模块的能量密度就提高了 4.3 倍，目前 4 MJ/m^3 的电容器已经接近市场化，实验室数据达到 7 MJ/m^3。我国以华中科技大学为代表的科研团队常年进行金属化膜电容器研究，以上海电容器厂为代表的企业已经可以提供 2 MJ/m^3 储能密度的金属膜电容器[25]。

值得指出的是，金属化膜电容的储能密度受到绝缘特性的限制，进一步大幅上扬空间非常有限，因此进一步的研究方向应为材料的研究，寻找大介电常数的高绝缘强度绝缘材料。目前已经有一些学者关注储能密度更高的超级电容器，但是超级电容器的输出功率目前尚不能达到高功率应用需求[26,27]。

2）电机储能型脉冲电源

在脉冲功率电源中，储能部件占总质量和体积的 50% ~ 80%，所以高密度储能技术一直受到关注。电机储能的能量密度比电容储能高约 1 个数量级，一直是人们的研究热点。从 20 世纪 80 年代开始，美国得克萨斯大学机电中心（Center of Electrical and Mechanical Engineering，CEME）受美国陆军装备研究发展工程中心（Army Armament Research Development and Engineering Center，ARDEC）等军方部门资助，为其研制用于电磁轨道炮的补偿脉冲发电机（Compensated Pulsed Alternator，CPA）[28]。1997 年，《美国陆军计划》将脉冲功率电源列为基础研究 4 个子项目中的 1 项，其目标是"提供一种既能驱动电磁炮又能驱动电热炮的脉冲电源"。用于关键技术验证的缩比模型脉冲发电机在 1998 年进行演示试验[29]。该样机在转速12 000 r/min下，对一台 3 m 轨道炮进行放电，输出峰值电流 900 kA，脉冲宽度为 4 ms，脉冲功率等级超过 2 GW。

2007 年，美国 IAT 研制完成了 1 台新的脉冲发电机样机[30]，是用于陆军战车电磁炮的脉冲发电机对中的 1 台。脉冲发电机对模式的电源系统于 2008 年完成研制，其技术指标为：宽 2.6 m，高 1.3 m，长 2 m，体积为 1.9 m³，质量为 7 000 kg，每次 3 连射，炮口动能为 2 MJ。

在国内，开展过补偿脉冲发电机研究工作的单位主要包括华中科技大学、中科院合肥等离子体物理研究所、中科院电工研究所、哈尔滨工业大学等。

20 世纪 80 年代以来，华中科技大学研制了多台主动补偿和被动补偿的模型机。2009 年，他们研制了国内首台百 MW 量级的空芯脉冲发电机样机电源系统[31,32]，成功进行了原理样机电磁发射试验。该发电机的参数为：长 1.1 m，最大直径为 0.49 m，转速为 8 000 r/min，脉冲电流峰值为 71 kA。哈尔滨工程大学从 2005 年开始也开展了混合励磁脉冲发电机与空芯脉冲发电机模型机的研究，但其功率量级较低，尚不能用于电磁发射试验[33]。

3）电感储能型脉冲电源

电感的储能密度高于电容，功率密度高于电机，是否能够整合优势形成高能大功率脉冲电源满足电磁发射的需求一直在探索中。电感储能技术应用的最大问题不在储能器件本身，而在能量导出与控制过程中需要关断大电感电流，由于电流的突变和充电回路中的漏磁场能量，使得在关断开关两端会产生很大的电压应力而超出半导体开关所能承受的范围。因此人们一直在提高大功率电力电子器件的耐压和探索对主管耐压要求低的换流电路。

电感储能型脉冲电源在电磁发射中的应用尚在探索中，超导储能器件已经能够达到 MJ 级，充放电技术也已经有所进展，但能量转换用大容量短路开关和断路开关技术的突破是应用从概念走向实际的最有效桥梁。

1.2.3　电枢和一体化弹丸技术

一体化弹丸技术是常规火炮弹丸技术在电磁轨道炮发射平台中新的应用与发展，以超远程轨道炮为例，其需要满足电磁轨道发射过程中的瞬态、长时间过载（ms 级，万 g 级），强磁场（Tesla 级），无膛线、超高弹道（百公里级）等特殊的工作环境。一体化弹丸技术针对这些新的发射环境和要求需要做相应的发展，以满足其工作要求。

电磁轨道发射器一体 C 形固体电枢结构设计是电磁轨道发射器系统中核心技术之一，由于其技术敏感，没有公开的文章论述电枢结构参数与电磁发射应用要求的关系。从 IAT 1998—2007 年关于电磁发射研究的综述报告可以看出[34,35]，经过 20 年的探索，美国在电磁轨道发射器研究中已经从实验室进入武器化应用阶段。美国海军一体 C 形电枢用于实验室级别的电磁轨道发射器已在 10 mm、40 mm、90 mm 口径的发射装置上成功实现大于 2 500 m/s 的出膛速度，并且在 40 mm 口径轨道发射器中成功实现 2 500 m/s 无转揆发射[36]。2007 年至今，美国关于电磁轨道发射器研究的论文发表数量明显减少，这或许是美国电磁炮研究进入武器级的标志。

从公开的文献看，美国在一体 C 形电枢结构研究上的工作主要由 IAT 承担。他们的工作主要分两部分：

①基于三维电磁、热、力在运动状态下的耦合场分析软件 EMAP 3D，分析了电枢结构变化对电流和热分布的影响。文献［37］报道了几种不同 C 形电枢的电流分布计算结果，表明电流比较集中于电枢尾翼的头部边沿和尾部边沿，以及电枢的内转角。尾翼带前导的马鞍 C 形电枢电流分布最均匀。文献［38］对普通 C 形电枢和尾翼带前导的马鞍 C 形电枢进行了发射实验的比较，实验结果表明后者的发射性能更优。在相同的发射条件下，普通 C 形电枢尾翼的烧蚀和内转角的熔蚀较严重，而尾翼带前导的马鞍 C 形电枢则很好地克服了上述问题。

②以海军远程火力压制电磁轨道发射器（21 kg 弹丸质量，2 500 m/s 出膛速度，64 MJ 炮口动能）为目标的电枢设计工作[36~40]。

国外针对一体 C 形电枢的相关机理和设计研究主要涉及电枢载流容量、电枢与轨道接触压力、电枢磁锯效应等方面[41~43]。

国内华中科技大学、南京理工大学、中科院电工研究所、燕山大学、武汉大学等单位开展了电枢设计及相关机理的研究工作[44,45]。目前公开发表的文章主要集中于电流分布计算、电枢结构参数设计等方面，一体化弹丸尚无公开报道。

1.3 电磁发射技术应用

电磁发射技术应用广泛，在军事、航天、基础学科研究等领域发展前景广阔。

对于陆军而言，电磁炮将充任自行火炮使用。即便为了避免大气烧蚀而仅仅使用4 km/s的速度，电磁炮的炮弹速度也是常规火炮炮弹速度的2~3倍。地面作战武器应用方向，需要将千克级的弹丸加速到2.5~4 km/s的速度；有研究报告指出，50 g 3 km/s的炮弹，可穿透25.4 mm厚的装甲，若用电磁炮把穿甲弹的速度提高到3 km/s，则坦克的防御和进攻能力将提高4倍，因此把电磁炮装备主战坦克以及作为反坦克炮都是非常有前途的。此外，在普通火炮的炮口加装电磁加速系统，可大大提高火炮的射程。美国国防部高级研究计划局和陆军与卡曼航空航天公司曾签订了安装在坦克上的自容式线圈炮的合同，目标是每分钟3发，速度为4 km/s，炮口动能为9 MJ。把40~50 mm口径的电磁炮装备到装甲车上，可以作为防空武器使用，其弹丸质量小、速度高、射速快，能够大大提高防空领域和防空效能。早在20世纪90年代初，英国皇家装备研究发展组织就积极研究防空电磁炮。

对海军而言，所面临的最严重的问题是如何对付高性能反舰导弹的攻击。对于超声速导弹，普通的小口径速射火炮难以胜任防空拦截任务。用电磁炮替代小口径火炮，用于舰艇防空和拦截导弹，可以极大地增加防卫半径和杀伤概率。据论证，海军用电磁炮防空和对付掠海导弹是有效的；舰船本身体积大，载重能力强，未来全电舰船比战车和飞机更有利于安装使用电磁炮。此外，航空母舰上可以利用线圈炮作为飞机的弹射器，电磁式弹射器质量仅为蒸汽式弹射器的1%，却能在3 s内把一架重36 t的战斗机，以227 km/h的速度弹射出去。

在战略防御方面，电磁炮可在天基战略防御系统中大显身手。天基电磁炮需要将质量为几克到几十克的弹丸加速到20 km/s的速度以上。之所以采用天基电磁炮作为拦截中程、潜射和洲际战略弹道导弹的武器，有两个主要原因：第一，用动能摧毁目标的效果比较可靠，电磁炮发射的超高速小质量弹丸，单位面积上的动能比强激光束大，只需要具有兆焦级的动能便能摧毁来袭的导弹；第二，电磁炮使用射击弹幕来拦截目标，因此其火控系统简单，实现较为容易。此外，天基电磁炮还可以用来摧毁敌方卫星和空间站。

在航天领域，不管军用还是民用，电磁炮都有着诱人的前景。首先是陆基发射，可以利用大型多级线圈炮直接发射洲际导弹、卫星、航天飞机和星际探测器，并按照其要求把它们加速到第一（7.91 km/s）、第二（11.2 km/s）、第三（16.7 km/s）宇宙速度。理想情况下，用电磁炮替代运载火箭的第一级，可以把直径 2.5 m，长 6 m，重 1.5 t 的飞行器加速到 20 km/s，并在半秒钟内穿过 8 km 的大气层，仍保持 16 km/s 的速度，其总共消耗能量大约 3×10^{11} J。据称美国计划用线圈炮发射人造卫星，计划安装一个 100 m 的线圈炮，有 10 级加速线圈，口径 76.2 cm，预计可将一个 270 kg 的卫星送到 200 km 的太空。

在基础学科应用领域，可以利用电磁炮超高速的发射速度，用于高压物理实验，以研究材料的状态方程等特性；可用电磁炮发射特高速粒子撞击热核燃料靶，进行碰撞核聚变研究等，此外地面核电站的核废料也可以利用超高速电磁炮发射到外太空，实现核废料的安全处理。

电磁炮的一系列独特优点，展现出其良好的发展应用前景。在 21 世纪的军事史话中，电磁炮有望崭露头角，取代传统火炮，成为 21 世纪战争之神，开辟一个全新的军事时代。

参 考 文 献

[1] 孙忠. 电磁炮技术的历史和未来 [J]. 中国航天, 1989 (2)：12 - 17.

[2] Egeland A . Birkeland's electromagnetic gun：a historical review [J]. IEEE Transactions on Plasma Science, 1989, 17 (2)：73 - 82.

[3] 理查德·埃斯特里·马歇尔, 王莹. 电磁轨道炮的科学与技术 [M]. 北京：兵器工业出版社, 2006.

[4] Wetz D A, Stefani F, Parker J V, et al. Advancements in the development of a plasma - driven electromagnetic launcher [J]. IEEE Transactions on Magnetics, 2009, 45 (1)：495 - 500.

[5] Schneider M, Woetzel M, Wenning W. The ISL rapid fire railgun project RAFIRA—part II：first results [J]. IEEE Transactions on Magnetics, 2009, 45 (1)：448 - 452.

[6] McNab I R, Beach F C. Naval railguns [J]. IEEE Transactions on Magnetics, 2007, 43 (1)：463 - 468.

[7] US Navy. Navy rail gun test Dahlgren, VA. 2006 & 2008 [EB/OL].

[2014 – 02 – 24]. http：//www. eugeneleeslover. com/VIDEOS/Rail _ Gun. html.

[8] Fein G. Navy sets new world record with electromagnetic railgun demonstration [EB/OL]. (2010 – 12 – 10) [2014 – 02 – 24]. http：//www. navy. mil/submit/display. asp? story_id = 57690.

[9] Lechmann P, Peter H, Wey J. First experimental results with the ISL 10 MJ DES railgun PEGASUS [J]. IEEE Transactions on Magnetics, 2001, 37 (1)：435 – 439.

[10] Lehmann P. Overview of the electric launch activities at the French – German Research Institute of Saint – Louis (ISL) [J]. IEEE Transactions on Magnetics, 2003, 29 (1)：24 – 28.

[11] Li J, Li S Z, Liu P Z, et al. Design and testing of a 10 – MJ electromagnetic launch facility [J]. IEEE Transactions on Plasma Science, 2011, 39 (4)：1187 – 1190.

[12] 肖铮. 电枢 – 轨道载流滑动接触面摩擦磨损研究 [D]. 武汉：华中科技大学, 2012.

[13] 何威. 方口径电磁轨道发射装置导轨及壁板的力学分析 [D]. 秦皇岛：燕山大学, 2013.

[14] 张祎, 李海元, 杨春霞, 等. 固体电枢电磁轨道炮发射一致性研究 [J]. 火炮发射与控制学报, 2013 (4)：5 – 9.

[15] Gallant J, Lehmann P. Experiments with brush projectiles in a parallel augmented railgun [J]. IEEE Transactions on Magnetics, 2005, 41 (1)：188 – 193.

[16] Fair H D. Electromagnetic launch：a review of the U. S. National Program [J]. IEEE Transactions on Magnetics, 1997, 33 (1)：11 – 16.

[17] Li M, Wu Y, Chen Y, et al. DC constant current power supply used to power a multilayer launching system [J]. IEEE Transactions on Magnetics, 2005, 41 (1)：308 – 310.

[18] Li J, Wang Y F, Liu P Z, et al. Experimental results from pseudoliquid armatures launched by two – turn railgun [J]. IEEE Transactions on Plasma Science, 2011, 39 (1)：80 – 82.

[19] Electromagnetic railgun [EB/OL]. [2014 – 02 – 24]. http：// www. onr. navy. mil/Science – Technology/Departments/Code – 35/All – Programs/air – warf are – 352/Electromagnetic – Railgun. aspx.

[20] Osborn K. Navy rail gun showing promise [EB/OL]. (2014 - 01 - 16) [2014 - 02 - 24]. http: //defensetech. org/2014/01/16/navy - rail - gun - showing - promise/.

[21] Ziv M. Electromagnetic railgun [C] // ASNE Combat System Symposium. Arlington, USA: ASNE, 2012: 1 - 4.

[22] Spahn E, Sterzelmeier K, Gauthier - Blum C, et al. 50 kJ ultra - compact pulsed - power supply unit for active protection launcher systems [C] // 14th Symposium on Electromagnetic Launch Technology. British Columbia, Canada: IEEE, 2008: 1 - 5.

[23] Sterzelmeier K, Brommer V, Sinniger L. Active armor protection - conception and design of steerable launcher systems fed by modular pulsed - power supply units [J]. IEEE Transactions on Magnetics, 2001, 37 (1): 238 - 241.

[24] Liu J, Dong J N, Zhang J, et al. Analysis for temperature field and thermal stress of the pulsed inductor [C] // 16th Electromagnetic Launch Symposium. Beijing, China: IEEE, 2012: 1220 - 1224.

[25] 李化, 章妙, 林福昌, 等. 金属化膜电容器自愈理论及规律研究 [J]. 电工技术学报, 2012, 27 (9): 219 - 223.

[26] 范晶, 宋朝文. 舰载电磁轨道炮用高功率脉冲电源研究进展 [J]. 电气技术, 2010 (增刊 1): 70 - 72.

[27] 张莉, 邹积岩, 郭莹, 等. 40 V 混合型超级电容器单元的研制 [J]. 电子学报, 2004, 32 (8): 1253 - 1255.

[28] Spann M L, Pratap S B, Werst M D, et al. Compulsator research at the University of Texas at Austin - An overview [J]. IEEE Transactions on Magnetics, 1989, 25 (1): 529 - 537.

[29] Kitzmiller J R, Pratap S B, Driga M D. An application guide for compulsators [J]. IEEE Transactions on Magnetics, 2003, 39 (1): 285 - 288.

[30] McNab I R, Heyne C J, Cilli M V. Megampere pulsed alternators for large EM launchers [C] // IEEE International Conference on Megagauss Magnetic Field Generation And Related Topics, 2006. Santa Fe, USA: IEEE, 2006: 391 - 397.

[31] Ye C Y, Yu K X, Lou Z X, et al. Investigation of self - excitation and discharge processes in an air - core pulsed alternator [J]. IEEE Transactions on Magnetics, 2010, 46 (1): 150 - 154.

[32] Xin Q M, Yu K X, Ren Z A, et al. Inductance mathematic model of homopolar inductor alternator in a novel pulse capacitor charge power supply [C] // 16th Electromagnetic Launch symposium. Beijing, China: IEEE, 2012: 1 –6.

[33] Cui S M, Wu S P, Cheng S K. Design and simulation of a self – excited all – air – core and fabrication of a separate – excited all – iron – core passive compulsator [J]. IEEE Transactions on Magnetics, 2009, 45 (1): 261 –265.

[34] Office of Naval Research. Program of electromagnetic railgun [EB/OL]. [2014 –02 –24]. http: //www. onr. navy. mil/en/Science – Technology/ Depar tments/Code – 35/All – Programs/air – warfare – 352/Electromagnetic – Railgun. aspx.

[35] Fair H D. Progress in electromagnetic launch science and technology [J]. IEEE Transactions on Magnetics, 2007, 43 (1): 93 –98.

[36] McNab I R, Stefani F, Crawford M, et al. Development of a naval railgun [J]. IEEE Transactions on Magnetics, 2005, 41 (1): 206 –210.

[37] Rip L, Satapathy S, Hsieh K – T. Effect of geometry change on the current density distribution in C – shaped armatures [J]. IEEE Transactions on Magnetics, 2003, 39 (1): 72 –75.

[38] Satapathy S, Watt T, Persad C. Effect of geometry change on armature behavior [J]. IEEE Transactions on Magnetics, 2007, 43 (3): 408 –412.

[39] McNab I R, Fish S, Stefani F. Parameters for an electromagnetic naval railgun [J]. IEEE Transactions on Magnetics, 2001, 37 (1): 223 –228.

[40] Fair H D. Advances in electro launch science and technology and its applications [J]. IEEE Transactions on Magnetics, 2009, 45 (1): 225 –230.

[41] Barber J P, Bauer D P, Jamison K, et al. A survey of armature transition mechanisms [J]. IEEE Transactions on Magnetics, 2003, 39 (1): 47 –51.

[42] Marshall R A. High current and high current density pulsed tests of brushes and collectors for homopolar energy stores [J]. IEEE Transactions on Components, Hybrids, and Manufacturing Technology, 1981, 4 (1): 127 –131.

[43] Watt T, Stefani F. Experimental and computational investigation of root – radius melting in C – shaped solid armatures [J]. IEEE Transactions on Magnetics, 2005, 41 (1): 442 –447.

［44］林庆华，栗保明. 电磁轨道炮三维瞬态涡流场的有限元建模与仿真
　　　［J］. 兵工学报，2009，30（9）：159-163.

［45］肖铮，陈立学，夏胜国，等. 电磁发射用一体化 C 形电枢的结构设
　　　计［J］. 高电压技术，2010，36（7）：1809-1814.

2

电磁轨道炮的原理与仿真建模计算

2.1 电磁轨道炮的基本原理

电磁轨道炮（导轨炮）可被认为是一种特殊的直线电动机。它由脉冲功率电源、两条平行放置的金属导轨、沿金属轨道对可以滑动的金属电枢以及发射载荷组成，如图 2 – 1 所示。

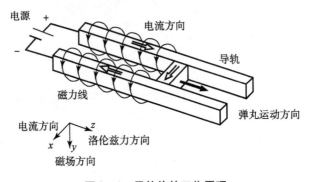

图 2 – 1 导轨炮的工作原理

脉冲功率电源为加速电枢提供电力来源，是轨道和电枢中幅值高达数兆安培瞬态电流的驱动源；导轨一般由耐磨损耐烧蚀的良导电材料做成，多选用各种铜合金材料，如紫铜、铬铜、铬镐铜、铍铜等，在一些特殊的发射装置和实验中，也会选用钢质类铁合金；轨道炮的轨道结构形式多种多样，图 2 – 1 中仅给出了最简单的单对轨道结构，该结构简单可靠，但需要较高幅值的轨道瞬态放电电流，对脉冲大电流滑动电接触问题提出了较大的考验；多匝增强型轨道结构也有很多研究报道披露，其特点是利用多匝轨道增强了加速电枢的磁场，减轻了单匝电流幅值的压力，但增大了电磁炮内腔磁场的幅值；实际应用设计中，需要作出合理的选择和取舍。根据美国海军公开的电磁轨道炮发射资料，可以看出美国海军选用了反圆弧的内腔结构设计，该种设计可以降低轨道电流线密度，并有利于电枢在内腔运动过程的导引和姿态稳定。

电枢分为固态金属电枢、等离子电枢和混合型电枢等，20 世纪 80—90 年代末，等离子体电枢研究报道非常多，但由于等离子体高温带来的轨道损伤，近十几年来，以美国海军为代表的电磁轨道炮多采用 C 型固态金属电枢，其材料多选用铝合金材料。

被发射的载荷是放置于电枢前的待加速物体，电枢只是被发射弹丸的托底，电枢在发射器腔体内加速过程中，推动前方的可以沿轨道滑动的弹体，最终达到设计的初速度。由于电磁轨道炮的发射原理制约，与常规火炮不同，电磁炮内腔难以加工膛线（金属轨道之间是机械强度较弱的绝缘支撑材料），所以其弹药无法通过高速的自旋保持稳定，大多采用尾翼稳定的外气动结构，因此电枢前方的尾翼稳定型弹体有一个可沿内腔滑动的外壳，当该部分飞出发射器腔体后，外壳自动脱落，带尾翼的弹芯飞向目标。

轨道炮的原理为：两条平行放置的轨道中间放置一个可以沿轨道滑动电接触的金属电枢，电枢前面放置有弹丸；当脉冲功率电源开关动作后，脉冲电流 i 注入一侧轨道，流经金属电枢，最后通过另一侧轨道返回电源；轨道中的瞬态脉冲大电流会在轨道周围产生磁场，与电枢中流过的电流相互作用，会产生作用在电枢上的洛伦兹力 F，根据矢量分析可知，该洛伦兹力的最终效果是推动弹丸加速运动。

$$F = ma = \frac{1}{2}L_r'i^2 \qquad (2-1)$$

式中，m 为电枢和发射载荷的总质量；a 为电枢和发射载荷的加速度；L_r' 为导轨的电感梯度；i 为电源通过导轨和电枢的电流。

在较强的脉冲电流的作用下，轨道炮只需要很短的时间及比较短的身管即可获得非常高的发射速度，应用范围也十分广泛，可以发射超高速弹丸来摧毁导弹、卫星以及其他高速飞行器，还可以用作各类超高速碰撞试验的研究。

在恒流驱动的导轨电磁发射器中，残留在导轨电感中的磁能与传递给弹丸的动能是相等的，因此在无法回收电感中磁能的条件下，结构简单的导轨型电磁发射器效率较低，一般只有 25% 左右。

2.2 轨道炮简化电路数学模型

电磁轨道炮发射过程中工作环境十分复杂，不同的电参数会影响轨道炮的发射性能，为了研究分析电感、电阻、电容和电压等参数对电磁轨道炮的电路电流、洛伦兹力、电枢速度以及电枢位移的影响情况，建立了轨道炮参数模型的等效电路。为了简化分析，忽略了电枢运动过程中摩擦阻力对电枢受力的影响以及轨道电枢发射初始阶段电流趋肤效应对轨道电阻的影响。电磁轨道炮等效电路如图 2 - 2 所示。

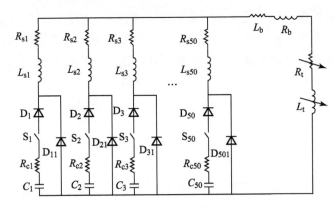

图 2 - 2　电磁轨道炮等效电路

根据电磁轨道炮的工作原理，可将轨道炮的等效模型进行简化。简化后的电磁轨道炮等效电路如图 2 - 3 所示。

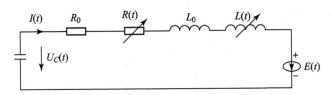

图 2 - 3　简化后的电磁轨道炮等效电路

图 2 - 3 中，$U_C(t)$ 为供电电容器上的电压；$E(t)$ 为电枢运动时切割磁力线所产生的反电动势；$I(t)$ 为放电回路的电流；L_0 为回路初始等效电感；$L(t)$ 为轨道炮回路电感；R_0 为回路初始等效电阻，包含电缆电阻 R_{Rsl}、电容器电阻 R_C、电容器上电感电阻 R_L 以及电枢电阻 R_a；$R(t)$ 为轨道炮回路变化电阻，包含轨道电阻 $R_r(t)$ 和接触电阻 $R_c(t)$，由于接触电阻变化不规律，且在电枢发射过程中大部分时间很小，先忽略不计。简化

电路的回路方程为

$$U_C(t) - E(t) = (R(t) + R_0)I(t) + \frac{\mathrm{d}}{\mathrm{d}t}\big[(L(t) + L_0)I(t)\big]$$

$$= (R(t) + R_0)I(t) + (L(t) + L_0)\frac{\mathrm{d}I(t)}{\mathrm{d}t} + I(t)\frac{\mathrm{d}L(t)}{\mathrm{d}t}$$

$$(2-2)$$

电枢受力为

$$F(t) - F_z = \frac{L'}{2}I^2(t) - F_z = ma(t) \qquad (2-3)$$

式中，F_z 为电枢运动过程中所受阻力，由于电枢轨道接触界面光滑阻力较小，对电枢运动状态参数影响较小，在本书中设置为零；L' 为轨道电感对发射位移的梯度值。由此可得出电枢的速度 $v(t)$、电枢位移 $x(t)$、轨道炮回路电阻 $R(t)$、轨道电感 $L(t)$ 分别为

$$v(t) = v_0 + \frac{L'}{2m}\int_0^t I^2(t)\,\mathrm{d}t \qquad (2-4)$$

$$x(t) = x_0 + v_0 t + \frac{L'}{2m}\int_0^t\Big(\int_0^t I^2(t)\,\mathrm{d}t\Big)\mathrm{d}t \qquad (2-5)$$

$$R(t) = R_r(t) + R_c(t)$$

$$= 2R'x_0 + 2R'\Big[v_0 t + \frac{L'}{2m}\int_0^t\Big(\int_0^t I^2(t)\,\mathrm{d}t\Big)\mathrm{d}t\Big] \qquad (2-6)$$

$$L(t) = L'x_0 + L'\Big[v_0 t + \frac{L'}{2m}\int_0^t\Big(\int_0^t I^2(t)\,\mathrm{d}t\Big)\mathrm{d}t\Big] \qquad (2-7)$$

式中，R' 为轨道电阻梯度，x_0 为电枢初始位置，m 为电枢质量，v_0 为电枢初始运动速度。

由于电枢运动产生的反电动势 $E(t)$ 与磁感应强度 $B(t)$ 和速度 $v(t)$ 的乘积 $B(t)v(t)$ 成正比，而 $B(t)$ 又与 $I(t)$ 成正比，因此有

$$E(t) = \frac{L'}{2}I(t)\Big(v_0 + \frac{L'}{2m}\int_0^t I^2(t)\,\mathrm{d}t\Big) \qquad (2-8)$$

根据电容器上的电压和电荷之间的关系可得电容器充电电压与电枢电流之间的关系式：

$$U_C(t) = U_0 - \frac{1}{C}\int_0^t I(t)\,\mathrm{d}t \qquad (2-9)$$

式中，U_0 为电容器充电电压，C 为储能电容的电容量。

2.3　小口径电磁轨道炮电路仿真

2.3.1　电磁轨道炮电路模型建立

根据上述理论推导，使用 MATLAB 中的仿真工具 Simulink 模块来对电容储能型电磁轨道炮进行系统仿真分析。根据轨道炮回路电阻 $R(t)$、轨道炮回路电感 $L(t)$ 以及电枢运动产生的反电动势 $E(t)$ 的数学表达式，建立了回路电阻 $R(t)$、回路电感 $L(t)$ 以及反电动势 $E(t)$ 的仿真模型，分别如图 2 - 4、图 2 - 5 以及图 2 - 6 所示。

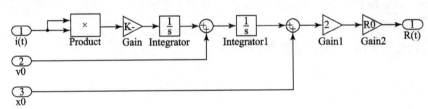

图 2 - 4　轨道炮回路电阻 $R(t)$ 的仿真模型

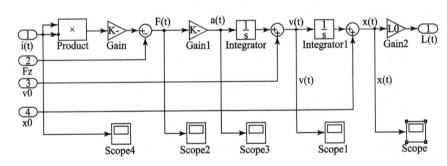

图 2 - 5　轨道炮回路电感 $L(t)$ 的仿真模型

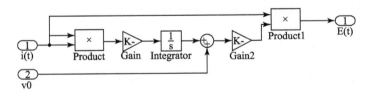

图 2 - 6　轨道炮回路反电动势 $E(t)$ 的仿真模型

根据回路电阻、回路电感及回路反电动势之间的关系，以及建立的回路方程，整个电磁轨道炮的仿真模型可用图 2 - 7 表示。

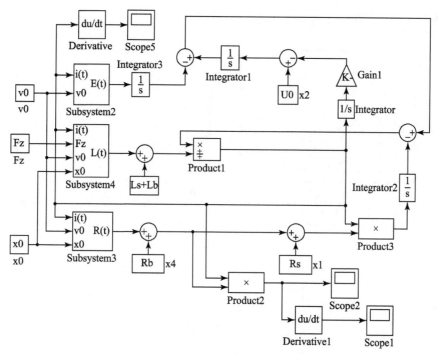

图 2 - 7　电容型电磁轨道炮仿真模型

整个电路的仿真模型已经建立完毕，在仿真模型中，"Ls"为回路脉冲整流电感，"Lb"为导轨初始电感，"Rs"为电容支路总电阻，"Rb"为导轨和电枢的总初始电阻。

2.3.2　仿真过程及结果

电磁轨道炮发射器长度为几米量级，口径多为几十毫米。以某实验装置为例：轨道炮长 5 000 mm；轨道炮口径为 40 mm×40 mm；轨道宽为 10 mm；使用 50 个电容器并联供电，单个电容容量为 2 mF，充电电压为 8 kV；电枢质量为 0.1 kg，电枢电阻为 0.12 mΩ；脉冲整流电感为 50 μH；单个电容器内阻为 30 mΩ；电缆总电阻为 6 mΩ，每根电缆长度为 7 m；轨道电感梯度为 0.5 μH/m，轨道电阻梯度为 0.1 μΩ/m；电枢初始位置距离炮尾0.3 m。仿真模型输出的电枢电流波形、电枢受洛伦兹力波形、电枢运动速度波形以及电枢运动位移波形分别如图 2 - 8 所示。

如图 2 - 8 所示，电容放电时间大约为 2 ms，2 ms 之后电路中还有电流存在，但电流值很小，在 0.36 ms 时刻放电电流达到峰值，峰值大约为0.82 MA。在图 2 - 8 中可以观察到，电枢所受洛伦兹力变化情况与电枢电流变化总趋势相似，洛伦兹力在 2 ms 之后减小到零。洛伦兹力到达峰值时刻与电流峰值对应时刻相同，洛伦兹力峰值约为 167 kN。

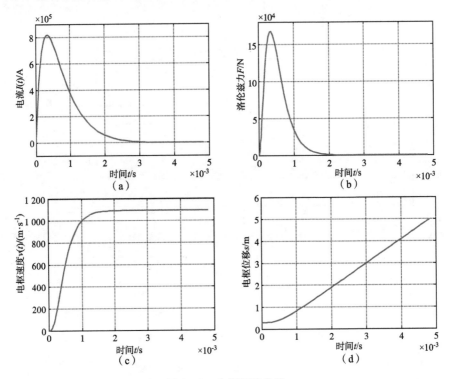

图2-8　电枢运动曲线

(a) 电枢电流波形；(b) 电枢所受洛伦兹力波形；
(c) 电枢运动速度波形；(d) 电枢运动位移波形

从图2-8中可以看出，在电容放电期间，电枢一直处于加速状态，电枢在 2 ms 后速度曲线开始变平缓，在电容器放电结束，电枢加速到最大值，大约为 1.09 km/s。电枢起始位置距炮尾 0.3 m，2 m 之后，电枢近似做匀速直线运动，在大约 4.8 ms 时刻出炮口。电流曲线、洛伦兹力曲线、电枢速度曲线以及电枢位移曲线的仿真结果都与实际实验获得的放电时间、电流峰值、洛伦兹力峰值、速度峰值、位移峰值以及电枢运动时间的数量级一致，证明本书的仿真模型是可靠的。

2.4　电参数对仿真结果的影响研究

通过上节建立的仿真模型可以得到不同电参数对放电时间、电流、电枢受力、速度以及出炮口时间的影响情况，研究了电路电容、电感、电压以及电阻对电流、电枢受力、出膛速度以及出膛时间的影响情况。通过分析充电回路电容、电压、电感、电阻对回路电流和炮尾电压随时间变化的影响，可以得到这些电路参数对轨道炮发射过程中电磁骚扰的影响。在电磁轨道炮实际发射过程中，电枢出膛时间不会超过电容放电时间，为了更直观地反映这些参数对电磁骚扰的影响，设置成一致的仿真时间。

2.4.1　电容对电枢运动参数和电磁骚扰的影响

在其他参数不变的条件下，将电路中单个电容器的电容值分别设置为 2 mF、4 mF、6 mF、8 mF、10 mF、20 mF 以及 50 mF，进行仿真实验，分别记录获得的电流峰值、洛伦兹力峰值、出膛速度以及出膛时间值，并绘制它们随电容变化的曲线，如图 2 - 9 所示。

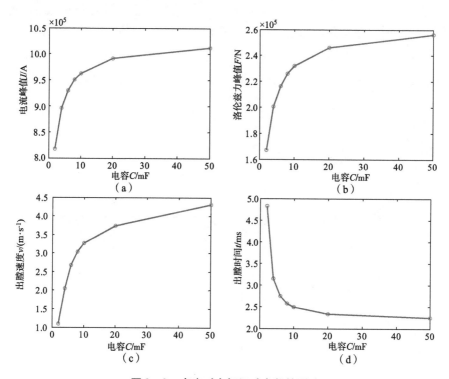

图 2 - 9　电容对电枢运动参数的影响
（a）电容对电流峰值的影响；（b）电容对洛伦兹力的影响；
（c）电容对出膛速度的影响；（d）电容对出膛时间的影响

如图 2 - 9 所示，电流峰值、洛伦兹力峰值以及电枢出膛速度都随着电容的增大而增大，并且变化趋势近似相同；电枢出膛时间随电容的增大而减小。从图中可以看出，电容较小时，电容的取值对电流、电枢受力、出膛速度以及出膛时间影响较大，当单个电容取值超过 20 mF 时，电容对电流、电枢受力、出膛速度以及出膛时间影响较小。电容取值较大时，电路中电流、电枢所受洛伦兹力都会很大，而电路中电流过大是造成电枢轨道损伤变形的主导因素；但是当电路中电容较小时，电流、电枢所受洛伦兹力随电容的减小迅速减小，无法提供给电枢足够的推力，保证足够的电枢出膛速度，而电枢在轨道中运动时间大幅上升，就会造成很大的能源损耗。

2.4.2 充电电压对电枢运动参数和电磁骚扰的影响

在其他参数不变的条件下，将电路中的充电电压分别设置为 2 kV、3 kV、4 kV、5 kV、6 kV、7 kV 以及 8 kV，进行仿真实验，分别记录获得的电流峰值、洛伦兹力峰值、出膛速度以及出膛时间值，并绘制它们随电压变化的曲线，如图 2-10 所示。

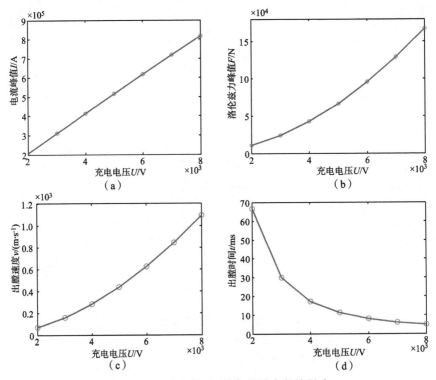

图 2-10 充电电压对电枢运动参数的影响

（a）充电电压对电流峰值的影响；（b）充电电压对洛伦兹力的影响；

（c）充电电压对出膛速度的影响；（d）充电电压对出膛时间的影响

如图 2 - 10 所示，电流峰值、洛伦兹力峰值以及电枢出膛速度都随着电容的增大而增大，并且变化趋势近似相同；电枢出膛时间随电容的增大而减小。从图中可以看出，在电路中电阻不变的情况下，电流峰值与电压成正比关系，电枢所受洛伦兹力峰值随电压变化曲线为二次函数曲线，电枢出膛速度随电压变化的趋势与洛伦兹力峰值随电压变化的趋势相同；而随着电路中充电电压的增大，电压对电枢在轨道中运动时间的影响会越来越小。

2.4.3　电容电感对电枢运动参数和电磁骚扰的影响

　　在其他参数不变的条件下，将电路中电容器电感分别设置为 1 μH、10 μH、20 μH、30 μH、40 μH、45 μH 以及 50 μH，进行仿真实验，记录不同电感取值时获得的电流峰值、洛伦兹力峰值、出膛速度以及出膛时间值，并绘制它们随电感变化的曲线，如图 2 - 11 所示。

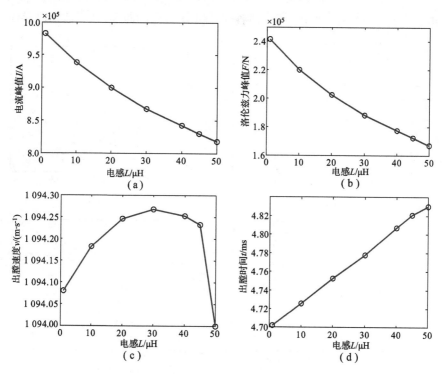

图 2 - 11　电容电感对电枢运动参数的影响
（a）电感对电流峰值的影响；（b）电感对洛伦兹力的影响；
（c）电感对出膛速度的影响；（d）电感对出膛时间的影响

仿真发现若不改变本书设置的其他参数，电容电感超过 50 μH，仿真结果会失真。从图 2 - 11 中可以看出，电流峰值、洛伦兹力峰值随着电容电感的增大而减小，变化趋势基本相同，且与电容电感近似成一次函数关系；电容电感对电枢出膛速度影响很小，随着电容电感的增大，电枢出膛速度先慢慢增大再迅速减小；电容电感对电枢在轨道中运动时间影响也比较小，随着电容电感的增大，电枢出膛时间也延长。

2.4.4 电容电阻对电枢运动参数和电磁骚扰的影响

由于轨道炮通常是多个电容并联供电，因此电容中的电阻也是并联加入电路的。为了研究电路中电阻变化对电枢运动的影响，对单个电容电阻取值的跨度较大。在其他参数不变的条件下，将电路中电容器内电阻分别设置为15 mΩ、30 mΩ、45 mΩ、90 mΩ、150 mΩ、300 mΩ、450 mΩ、600 mΩ以及750 mΩ，进行仿真实验，分别记录获得的电流峰值、洛伦兹力峰值、出膛速度以及出膛时间值，并绘制它们随电阻变化的曲线，如图2 - 12 所示。

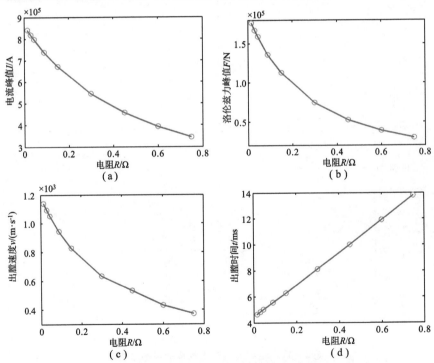

图 2 - 12　电容电阻对电枢运动参数的影响

（a）电阻对电流峰值的影响；（b）电阻对洛伦兹力的影响；
（c）电阻对出膛速度的影响；（d）电阻对出膛时间的影响

从图 2－12 中可以看出，电流峰值、洛伦兹力峰值以及电枢出膛速度都随着电容电阻的增大而减小，并且变化趋势近似相同；电枢出膛时间随电容电阻的增大而线性增大。从图中可以看出，随着电容电阻的增大，电路电流、电枢受力、出膛速度减小趋势变缓。当电路中电阻过大时，会严重影响电枢出膛速度，导致大量的能量损耗在电阻上，降低轨道炮的能源利用率。电枢发射各阶段电枢轨道间实际总电阻是不断变化的，并且不同阶段电阻差异较大，因此在选择电容电阻时应尽量选择较小电阻的电容，尽量采用较多电容并联供电。

2.5 电感梯度

在电磁轨道发射器中，电感梯度是很重要的因素之一，其直接关系到发射速度和系统效率的大小。有研究表明，当导轨电感梯度（L'）由 0.48 μH/m 增大到 0.60 μH/m 时，效率由 33.5% 提高到 40%[1]，可见电感梯度对效率的影响是非常大的。

2.5.1 高频电感梯度 L'

实际轨道炮导轨周围的磁场与电流周围的磁场其实并不完全相同。在实际轨道炮中，电流流过的时间很短，为 2～10 ms。在如此短的时间内，磁场不能扩散到导轨深处，只能沿着导轨表面流动，这也阻碍了磁场扩散。这就是高频磁场分布。

克里斯克（Kerrisk，1981）对方口径轨道炮的矩形导轨内的电流分布进行了计算[2]。计算结果表明，在导轨拐角处的表面电流密度急剧增大。对这种结构，克里斯克还提出了计算其电感梯度 L' 的方法，计算结果被称为"克里斯克 L'"。图 2－13 列出了一些参数，其计算公式为

$$L' = \{[A + B\ln(F_1)]\ln(F_2)\}\,(\mu\text{H/m}) \tag{2-10}$$

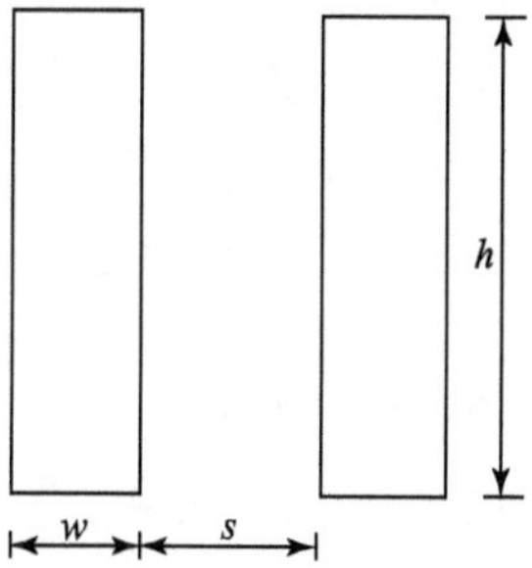

图 2－13 轨道截面示意图

2.5.2　低频电感梯度 L'

当导轨中电流密度均匀分布时，可以认为此时的电感梯度就是低频电感梯度 L'。与高频电感梯度 L' 相比，低频电感梯度 L' 并不重要，因为电枢附近导轨中电流密度均匀分布只存在于某些特殊情况下，例如采用多层导轨的情况。在低频电感梯度 L' 的计算方法中要用到"几何平均距离"的概念（Grover，1962）[3]。格罗弗（Grover）提出了一个计算矩形导轨低频电感梯度 L' 的简便方法，对于如图 2-13 所示的导轨参数，简化的计算公式为

$$L' = 0.4\left[\ln\left(\frac{s+w}{h+w}\right) + 1.5 + \ln(k)\right](\mu\text{H/m}) \qquad (2-11)$$

2.5.3　瞬态电感梯度

在用电路方法进行系统的仿真时，将用到电感梯度的概念。设轨道炮的电枢沿 x 轴运动，在 t_0 时刻运动到 x_0 处，速度为 v_0。假设电枢以恒速 v_0 沿 x 轴再运动 $\mathrm{d}x$，忽略系统中电源能量转化为热量的部分，此时系统中发生的能量过程是

$$\mathrm{d}W = \mathrm{d}W_m + f\mathrm{d}x \qquad (2-12)$$

式中，$\mathrm{d}W$ 为系统总能量的增量，也就是电源提供的总能量；$\mathrm{d}W_m$ 为系统磁场能量的增量；$f\mathrm{d}x$ 表示使电枢运动的磁场力所做的功。

由式（2-12）出发可以推导得到电枢在这一时刻所受的电磁力为

$$f = \frac{\mathrm{d}W_m}{\mathrm{d}g}f = \left.\frac{\mathrm{d}W_m}{\mathrm{d}g}\right|_{i=i(t_0)} = \frac{\mathrm{d}}{\mathrm{d}x}\left[\frac{1}{2}L(x)i^2(t_0)\right]$$

$$= \left.\frac{1}{2}i^2(t_0)\frac{\mathrm{d}}{\mathrm{d}x}L(x)\right|_{x=x_0} = \frac{1}{2}i^2(t_0)L'(x_0) \qquad (2-13)$$

式中，$L'(x_0)$ 为回路在电枢位于 x_0 处电感的变化率，也叫回路在 x_0 处的电感梯度；$i(t_0)$ 为 i_0 时刻回路中的总电流。

要计算电感梯度，必须先计算出电枢在各个位置时回路的电感值。回路的电感值有以下三个影响因素：第一，电枢的位置，它将改变回路的面积，影响最大；第二，由于电流瞬态变化引起的集肤效应和邻近效应，它将改变电流的作用中心，从而影响回路的等效面积；第三，由电枢运动引起的速度集肤效应，它也将引起电流分布的变化，影响回路的面积。综上所述，电枢在 x_0 处的电感梯度严格地讲应该记作

$$\frac{\partial}{\partial x} L(x,i(t)) \bigg|_{x=x_0,t=t_0} = \frac{\partial}{\partial x} L(x,i(t_0)) \bigg|_{x=x_0} = \frac{\partial}{\partial x} L(x,t_0) \bigg|_{x=x_0}$$

$$(2-14)$$

即回路在一个固定位置处的电感梯度是瞬态电流的函数，或者说是时间的函数，这就是瞬态电感梯度的概念。瞬态电感梯度的值与激励电流的波形有关。

1）恒定电感梯度的计算

如果认为电感梯度为恒定值，则计算电感梯度的方法为：在回路中通入直流电流，任意取一个电枢位置 x_0 算出电感 L_0，再取一个电枢位置 $x_1 = x_0 + \Delta x$ 计算出 L_1，其中 Δx 为一个无限小的正数，则

$$\frac{\mathrm{d}}{\mathrm{d}x} L(x) \approx \frac{L_1 - L_0}{\Delta x}$$

$$(2-15)$$

若假设电感梯度为常数，即认为电感随电枢位置坐标线性增加，则 Δx 的取值大小对计算结果无影响，为计算简单，可取 $x_0 = 0$，$x_1 = x_0 + \Delta x = 1\ \mathrm{m}$，此时有

$$\frac{\mathrm{d}}{\mathrm{d}x} L(x) \approx L_1$$

$$(2-16)$$

即电枢位于 1 m 处回路的电感就是电感梯度。

2）瞬态电感梯度计算方法

瞬态电流和不同电枢速度下的瞬态电感与恒定电感的差别是由轨道中电流的趋肤和邻近效应与电枢中（含电枢附近轨道中）的电流速度趋肤效应造成的。设图 2-14 中实线为直流电流的等效回路，则瞬态电流下的等效回路可能会变为图中虚线。值得注意的是，在电流的下降沿，电流回路可能会大于直流回路。在下文分析中，采用图 2-15 所示的理论波形作为激励电流。

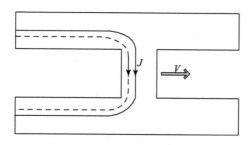

图 2-14 电流等效回路示意图

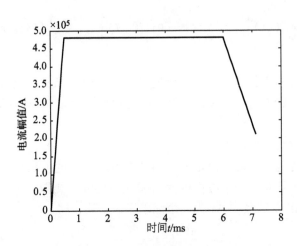

图 2 - 15　理想激励电流波形

容易理解，由于速度仅影响电枢及其附近轨道中的电流分布，且相对于较长的轨道，此处电流对于磁场能量和电感的影响很小。因此，电枢速度对电感及电感梯度的影响很小，电枢仅起到一个导通电流的作用（后面将通过计算实例给出其影响程度）。

因而，对于电枢位于 x_0 处，电流波形对应于 t_0 时刻的瞬态电感计算，可认为电枢置于此位置不动，只施加瞬态激励电流至 t_0 时刻，通过此时的磁场能量计算电感，即

$$L_0(t_0) = \frac{2W_m(t_0)}{i^2(t_0)} \tag{2-17}$$

然后再取电枢位于 $x_1 = x_0 + \Delta x$ 位置处，利用与计算 $L_0(t_0)$ 相同的方法计算出 $L_1(t_1)$，由近似公式：

$$\left.\frac{\partial}{\partial x}L(x,t_0)\right|_{x=x_0} \approx \frac{L_1(t_0) - L_0(t_0)}{\Delta x} \tag{2-18}$$

计算出此时刻的瞬态电感梯度值。注意，计算 $L_1(t_0)$ 时仍只需将电流波形加至 t_0 处，这可由式（2 - 14）看出。

不难理解，在相同电流波形的电流激励下，x_0 取不同值时电感会不同，但得到的瞬态电感梯度相差很小。且利用式（2 - 18）计算时，Δx 的取值大小对计算结果影响很小，因为不同的 Δx 只使得轨道长度不同，而对电感梯度起决定作用的轨道中电流的作用中心不变。因此，可直接使 $x_0 = 0$，$x_1 = x_0 + \Delta x = 1$ m，用式（2 - 18）计算整个电流激励下各时刻的瞬态电感。因而，任意 t 时刻回路的瞬态电感梯度值就是 1 m 处回路的电感值，即

$$\frac{\partial}{\partial x}L(x,t) \approx L(1,t) \qquad (2-19)$$

3）电感梯度计算实例

下面是一个计算实例。轨道炮的轨道长度为 10 m，高度为 50 mm，宽度为 16 mm，间距为 40 mm，电枢的质量为 100 g。激励电流波形如图 2-15 所示。图 2-16 所示为电感梯度的计算结果，其中曲线 1 是取 $x_0 = 1$ m，$\Delta x = 0.1$ m，按式（2-18）计算的瞬态电感梯度值；曲线 2 是取 $x_0 = 0$，$\Delta x = 1$ m，据式（2-19）计算的结果；曲线 3 是通入直流，根据式（2-16）计算的结果。

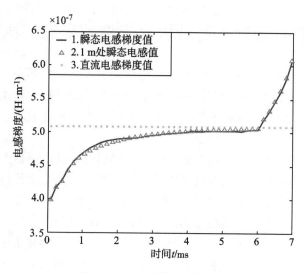

图 2-16   电感梯度计算结果

由图 2-16 可见，曲线 1 和曲线 2 两者结果相差不大，验证了上文的分析。对比曲线 1 和曲线 3，可以得到下面的结论。在电流的上升沿，回路的瞬态电感梯度值比直流电感梯度值小，但会由小增大；在电流的平滑沿，回路电感梯度值仍比直流电感梯度值小，但逐渐接近于直流电感；在电流的下降沿，回路的电感梯度值急剧增大，将远大于直流电感梯度值。

4）电流下降沿电感梯度增加的分析

在电流的不同作用阶段，瞬态电感梯度的值有较大的变化，特别是下降沿电感梯度的值会较快上升的现象与我们一般的认识不同，下面将进行定性解释。由式（2-19）可知，回路的电感梯度值可以转化为 1 m 处回路瞬态电感值的计算，而回路的电感值与回路电流作用中心围成的面积正相关。电流下降沿电感梯度迅速上升还有一个重要原因，此时一个轨道中的电流同时出现了正负流动的情况，正负电流均较大，这使得总电流迅速下降时，回路的磁场能量下降缓慢。

电流在轨道内的分布随着波形的变化而出现不同分布的现象是有理论根据的。以往对电流分布的分析步骤为，首先找到瞬态波形的主频，然后将此瞬态波形与主频对应的稳态波形对应，判断轨道尺寸是否和透入深度接近。若两者接近，认为电流密度分布基本"均匀"。但这里所讲的"均匀"是指稳态场中一个周期内场量的平均幅值，而不是电流密度的瞬时值。具体分析可以参见文献［4］，里面有对这种现象较为详细的论述。

2.6　瞬态激励下屏蔽板对电抗器电感的影响分析

本书分析讨论瞬态激励情况下的电感，引入静态电感和动态电感，并对一个实际二维轴对称模型，通过理论分析和仿真计算，对比分析了暂态激励情况下，电感与激励波形、电导率和磁导率的变化关系，计算结果和理论分析一致。

在稳态情况下，电感与激励频率、材料属性以及电感器形状尺寸密切相关；在瞬态激励下，对线性介质情况，激励波形的变化使得不同时刻频谱分布不同，由趋肤效应引起电流的分布随时间变化，最终影响电感大小。瞬态激励对自感的影响仅局限于内自感，且因为内自感相比外自感一般很小，所以在暂态激励变化不剧烈的情况下，电感变化很小。对一个实际模型，用有限元方法分析计算了瞬态、稳态激励情况下的电感。结果表明，稳态情况（准静态）下激励频率越高、电导率越大或者磁导率越小，电感越小；瞬态激励情况下，电感值随激励变化而变化，但变化幅度很小。

利用数值计算程序（ANSOFT）对电抗器的电感进行了仿真计算。分别计算了没有屏蔽板，屏蔽板为铝板、铜板、不锈钢板，激励源为正弦稳态电流和瞬态脉冲电流情况下的电感大小及变化情况。电抗器高 12 cm，内半径为 5.15 cm，外半径为 7.5 cm，电抗器材料为铜；屏蔽板厚 0.5 cm，距离电抗器底面 3 cm。铝的电导率为 3.8×10^7 S/m，铜的电导率为 5.8×10^7 S/m，不锈钢的电导率为 1.1×10^6 S/m，其相对磁导率均设为 1。瞬态激励情况下，使用的激励波形如图 2 - 17 所示，峰值电流超过 40 kA，脉冲宽度为 5～8 ms，上升沿约 0.5 ms。

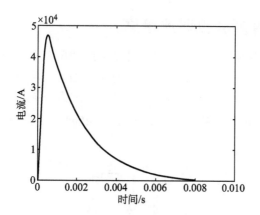

图 2 - 17　脉冲电流波形

2.6.1　没有屏蔽板时的电感

在稳态激励的情况下，计算的电感是从线圈激励端口看的等效总电感。此电感通过能量计算得到，关系如下：

$$W = \frac{1}{2}LI^2 \tag{2-20}$$

式中，I 为有效值，W 为电磁场能量。仿真计算中，线圈匝数为 24 匝，单匝电流峰值设为 I_0，则从单匝线圈端口等效的电感 L 的计算公式为

$$L = \frac{4W}{I_0^2} \tag{2-21}$$

除了利用能量 W 来计算电感外，还可以利用软件提供的电感矩阵来计算，需要注意的是，当电感线圈模型为多层线圈时，选择电感所有的线圈，最终的等效电感值应该等于电感矩阵中所有数值的总和。即在串联模型情况下：

$$L = (L_1 + L_2 + \cdots) + 2(M + \cdots) \tag{2-22}$$

式中，前一个括号内为电感矩阵的对角元素之和，后一个括号内为非对角元素的总和。没有屏蔽板时，电抗器激励线圈密绕情况下，电抗器电感值不随激励频率和瞬态与否发生改变，其电感大小为 43.13 μH。

暂态激励情况下，选择暂态求解器进行计算，由于软件没有提供计算电感矩阵的接口，只能通过能量方法进行等效求解。使用暂态求解器进行计算时，需要事先对网格进行剖分；即暂态求解过程中，网格是固定不变的，网格的结构不再进行自适应的剖分，对网格的剖分有了更高的要求；暂态求解器按照指定的时间步长进行计算，时间步长应该足够小。

2.6.2 有屏蔽板时的电感

对于电感线圈有屏蔽板的模型，可以利用变压器模型定性解释电感线圈在受到涡流情况下电感的变化情况，简化模型认为电感器为原边，屏蔽板涡流部分为副边，假设原边的内阻为 R_1，自感为 L_1，副边内阻为 R_2，自感为 L_2，副边阻抗负载为 Z，原边和副边的互感为 M，等效电路如图 2 - 18 所示。

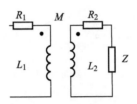

图 2 - 18   等效电路

根据计算可以得到，输入端等效阻抗为

$$Z_{in} = Z_{11} + \frac{(\omega M)^2}{Z_{22}} \tag{2 - 23}$$

取 $Z = 0$，则上式右边第二项为

$$\frac{(\omega M)^2}{Z_{22}} = \frac{(\omega M)^2}{R_2 + j\omega L_2} = Re - j\omega\left(\frac{L_2 M^2}{\frac{R_2^2}{\omega^2} + L_2^2}\right) \tag{2 - 24}$$

其总电感为

$$L_{in} = L_1 - \left(\frac{L_2 M^2}{\frac{R_2^2}{\omega^2} + L_2^2}\right) \tag{2 - 25}$$

由上可知，随着频率的升高，电感值减小；除了和频率有关，输入端电感与副边内阻值 R_2 亦有关系，副边屏蔽板的电导率越大，电感减小越明显。此外，M 和 L_2 中隐含着磁导率的影响，从物理定律上定性地看，磁导率越小，输入端电感越小。

首先分析正弦稳态激励条件下的电感，设稳态激励 40 kA，表 2 - 1 给出了铜、铝和不锈钢三种材料对电抗器电感的计算结果。在 50 ~ 5 000 Hz 的正弦稳态情况下，屏蔽板材料选为铜、铝和不锈钢时，从电抗器的两端口等效的电感变化不大，电导率越大，频率越高，电感越小。暂态激励情况下，在不同时刻分别用能量方法计算电感。表 2 - 2 所示为铝板、铜板和不锈钢板情况下，不同时刻的电抗器端口等效电感值。从表中可以看出，在脉冲上升沿阶段，电感值相比未屏蔽前要小。

表 2 - 1　正弦激励情况下的电感

材料	电抗器端口电感/μH		
	50 Hz	500 Hz	5 000 Hz
铜	40.49	40.20	40.11
铝	40.75	40.22	40.12
不锈钢	43.11	42.19	40.31

表 2 - 2　铝、铜和不锈钢板不同时刻对应电感大小

时刻/s	电抗器端口等效电感/μH		
	铝板	铜板	不锈钢板
0.000 12	39.85	39.84	40.16
0.000 24	39.88	39.86	40.46
0.000 30	39.89	39.87	40.64
0.000 40	39.91	39.89	41.05
0.000 50	39.93	39.92	41.57
0.000 60	39.96	39.93	41.92
0.000 70	39.97	39.95	42.37
0.000 80	39.99	39.97	42.73
0.000 90	40.00	39.98	42.89
0.002 00	40.40	40.20	43.64
0.003 00	41.57	40.81	43.68
0.004 00	44.78	42.72	43.67

2.6.3　小结

按照实际的屏蔽板尺寸，仿真计算了单层屏蔽板和双层屏蔽板在稳态激励和瞬态激励情况下的屏蔽效果，结果显示屏蔽后磁场峰值衰减 1 个数量级。仿真分析了不同材料和结构屏蔽板对电抗器电感参数的影响，在稳态和暂态激励情况下，屏蔽板对电抗器电感参数的影响在 7% 以内。

电感器的电感大小与频率有关，与介质材料（磁导率和电导率）有关，同时与屏蔽体几何尺寸以及屏蔽体与电感器相互之间的距离位置都有

关系。频率越高，电感有减小趋势；在某一频率，屏蔽体材料的磁导率越大，电感越大；屏蔽体材料的电导率越大，电感越小。且当涡流起主要作用时，屏蔽体尺寸越大，电感越小；当磁化起主要作用时，屏蔽体尺寸越大，电感增大。通常对非线性材料以及频率变化不大的情况，趋肤效应以及非线性引起的电感一般不显著。

参 考 文 献

［1］ Lehmann P，Peter H，Jamet F，et al. Some remarks concerning the optimization of a railgun system ［J］. IEEE Transactions on Magnetics，1995，31（1）：546 – 551.

［2］ Kerrisk J F. Current distribution and inductance calculations for rail – gun conductors ［R］. Los Alamos，NM，USA：Los Alamos National Laboratory，1981.

［3］ Grover F W. Inductance calculations：working formulas and tables ［M］. New York，USA：Dover Publication，1962.

［4］ 汤蕴璆. 电机内的电磁场（第二版）［M］. 北京：科学出版社，1981.

3

实验室装置测试诊断技术与手段

电磁轨道发射装置在试验和研制过程中，需要对许多参数进行分析，对这些参数的测量测试就非常重要。试验中需要测量的参数可能有轨道总电流、电枢速度、电枢位置、炮口电压、炮尾电压、磁场、电场、温度、压力、内膛损伤形貌、内膛轮廓、沉积物成分等。轨道瞬态总电流通常由空心的罗果夫斯基线圈测量得到，近年来出现了柔性罗果夫斯基线圈；内膛电枢平均速度早期用离散的 B 探针测量得到，但由于加速过程非线性，无法知道平均速度出现的具体时刻和位置，为了测量内膛连续电枢速度，基于多普勒雷达的测速方法在电磁轨道炮实验室装置中也有应用；电枢具体位置的测量有研究机构采用电枢预埋电极的电接触式测试法和预埋强磁体的非接触式测量法；为了观察接触电阻，炮口电压数据可以获得最直接的瞬态波形数据；瞬态强磁场多用磁感应线圈、霍尔元件以及磁阻元件测量，相关总结工作可以参考文献 [1]。

3.1 磁场测量

3.1.1 瞬态强磁场

测量磁场的方法非常多，依据测量原理划分有电磁感应法、霍尔元件法、磁阻元件法、磁共振法、磁通门法、磁光法、超导量子干涉法、光泵法和磁膜法等。

1984 年，Motohisa Kanda 分析了利用环探头测量电磁场的方法，并选择合适的负载以达到较好的响应效果。1993 年，Lauri Puranen 等研制了一种 6 组环探头和线天线组成的同时测量近场磁场和电场的装置，Miles E. G. Upton

对 Motohisa Kanda 提出的测量方法进行了改进。同年，Motohisa Kanda 对稳态时变电磁场的标准测量探头（偶极子探头和环探头）作了总结。Oliver E. Allen 则利用 Horn 天线对探头的时域特性进行了校对比较。1994 年，Motohisa Kanda 进一步把标准测量探头应用到电磁干扰测量方面，并汇总了各种探头校准的方法。1997 年，张福顺等汇总了国内外天线近场测量的研究进展情况。1998 年，Valeriu David 等研制了利用单个探头同时测量电场和磁场的装置。1999 年，Smith D C 利用电磁兼容诊断的磁场测量环探头，测量分析干扰信号，追踪电流轨迹等。

2000 年，Yarovoy A 研究了带屏蔽的环探头的超宽频带特性，Carobbi C F M 等对商用带屏蔽环探头的结构和不同频段的工作特点进行了深入分析。同年，石立华等研究了探头测量中幅频特性和相频特性的关系，利用 Hilbert 变换来实现时域响应特性的评估。曾尚璀等基于 MATLAB 工具软件对系统信号进行了频谱分析。为了提高测量的精度，2002 年，Foroozesh A 利用平衡臂进行测量实验，Lira Hamada 在研究静电产生的电磁场时，对探头的复天线系数进行了讨论，Peter Sergeant 利用环探头配合积分电路实现了一种高灵敏度的磁场探头系统。同年，石立华等对测量过程中引入的噪声选用小波和神经网络的联合方法进行抑制。2003 年，Austin B A 在研究环天线中对其电参数和结构有相应的讨论。同年，Wout Joseph 等分析了近场测量中测量探头对被测电磁场的影响问题。2004 年，Carobbi C F M 等对屏蔽的环探头的共模干扰问题进行了深入的分析。之后，肖保明等分析研究了用于变电站开关干扰测量的瞬态弱磁场测量系统。

标准 IEEE 1309—2005 提到校准探头可以使用三种方法：标准场法、参考探头法和理论计算法。1991 年，Richard Middelkoop 分析了脉冲场情况下的探头校验问题[2]，文献 [3] 提出了一种三探头方式的校准方法，文献 [4] 分析了这种方法的不确定度。1997 年，石立华等对环探头在时域中进行了标定[5]。1998 年，樊宽军等对一种应用于瞬态磁场测量的系统进行了误差分析[6]。2004 年，谢彦召等分析了脉冲磁场传感器时域和频域标定方法，并研究了两种方法的等效性[7]。文献 [8，9] 研究了用全阻抗对屏蔽的环天线进行校准实验，文献 [10] 又选用其他方法校准了屏蔽环天线。

在过去的 20 年，脉冲磁场测量主要在三个领域：高压脉冲发生器产生的瞬态磁场、变电站周围开关动作产生的干扰磁场，以及静电过程产生的暂态磁场。1991 年，Wiggins C M 等研究了变电站空气绝缘开关附近产生的电磁辐射干扰，干扰频率在 $0.5 \sim 120$ MHz[11]。1999 年，Lu S L 等研制了利用数字积分处理技术和环探头的暂态磁场测量装置，测量了变电站的磁场环境分布[12]。2003 年，张卫东等利用环探头和光纤转换设备，测量和研究了变电站开关操作暂态电磁干扰问题[13,14]。2004 年，卢斌先等测量了 500 kV 变电站开关操作的瞬态电场，但其测量处理环节与磁场测量相类似[15]，并研究了开关瞬态场的耦合机理[16]。类似的内容在文献［17，18］均有研究。1996 年，Siew W H 分析测量了 Marx 发生器开关周围暂态辐射电磁场，利用环探头和电场探头配合示波器进行时域测量，得到 Marx 发生器周围干扰信号不超过 30 MHz[19]。2002 年，姚学玲等通过数值仿真计算了高压脉冲放电电流周围的磁场分布和量值大小[20]。高压脉冲电流放电电磁环境在文献［21］中也有相关讨论。静电放电产生电磁场的测量也有很多研究[22~24]。

在 2000 年以前，由于受到信号采集系统的制约，示波器的功能还不强，为了通过环探头测量高频磁场信号，实验测量装置中均含有模拟电路的积分处理环节。文献［25~32］测量系统均有积分电路或探头为自积分的结构。文献［28］为环探头配合各种形式的积分电路进行测量工作。随着示波器的带宽大幅提升，以及高速内存的问世，现在数字示波器的采样率、带宽以及存储容量都足以满足一般快速变化的瞬态信号。此时积分环节可以通过数字化进行处理，文献［33~36］等均为没有模拟积分电路的测量系统，测量装置得到简化。

对电磁发射系统，1984 年，Nalty K E 给出了用于电磁发射平台的各种测量装置，其中提到利用环探头来测量瞬态磁场[37]。1993 年，Canavero F 对电磁发射运动电枢建立了电磁干扰的物理计算模型[38]。1995 年，Cobum W O 利用环探头测量了电磁发射系统周围的电磁场[39]。2006 年，曾正华研究了脉冲功率电源的脉冲电流测量技术[40]。2007 年，张宝贵分析了脉冲功率电源电抗器周围电磁场特性和受力问题[41]。2008 年，董理江对比了霍尔探头和环探头测量脉冲磁场的结果[42]。

随着科学技术的发展，现在对于电磁场的测量技术也有长足的进步和完善，目前的测量技术对磁场强度的测量范围可达 $10^{-11} \sim 10^7$ 高斯。磁场按频率可分为直流、交流和脉冲磁场。测量磁场的方法有很多，依据测量原理划分有以下几种：电磁感应法、霍尔元件法、磁阻元件法、磁共振法（包括多种共振形式，如核磁共振、铁磁共振等）、磁通门法、磁光法、超导量子干涉法、光泵法、磁膜法等。文献［43］对不同测量原理方法的特点、使用范围以及应用进行了比较归纳。

在电磁兼容领域，由于要对探头进行校准等原因，经常需要测量标准

电磁场的大小。文献［44，45］对标准电磁场的测量作了总结。文献
［46，47］对测量探头以及电磁干扰测量又作了更深入的工作。

对于暂态变化的电磁场，文献［48］用环探头测量了脉冲磁场，结果
表明在特定的频率范围内，通过对探头输出电压进行时域积分可直接得到
脉冲磁场波形。对静电放电（ESD）引起的电磁干扰，文献［49］利用普
通公司生产的环天线探头通过实验校准的方法，得到了探头的幅频、相频
的天线系数，测量上限频率达到 2 GHz。文献［50］对 ESD 也利用复天线
系数 CAF 的方法进行分析，并研究了探头远场校准和近场测量的关系。文
献［51］也用类似的方法测量了 ESD 产生的磁场，但仅通过时域积分还原
信号，由于 ESD 带宽很宽，测量结果的准确性还有待商榷。

商用的环天线通常是带屏蔽的环天线，文献［52］分析了不同频率情
况下，屏蔽对探头的影响及其特性；文献［53］分析了当屏蔽环天线作为
探头或者天线时，其内部共模发射和屏蔽的问题。

校准探头可以使用三种方法：标准场法、参考探头法和理论计算法。
文献［54］提出了一种三探头方式的校准方法，文献［55］分析了这种方
法的不确定度，文献［56］通过标准场法进行了校准，文献［57～59］研
究了用全阻抗对屏蔽的环天线进行校准实验，文献［60，61］又选用其他
方法校准了屏蔽环天线。

3.1.2　测量方法

1）测量原理

磁场的测量方法有很多，文献［62］指出，霍尔元件的典型带宽可达
到 20 kHz，磁阻元件的带宽可达到 1 MHz，而感应线圈的测量带宽则可以
达到 GHz 量级。（霍尔效应分为经典霍尔效应和量子霍尔效应，就是说既
可以测量磁场，也可以测量电场。）目前 Allegro 公司的线性霍尔传感器的
带宽可以达到 30 kHz，其霍尔电流传感器带宽可以达到 50 kHz。霍尔元件
在体积上可以做得很小，因此可以用它测量非均匀磁场，一般可以测量
$1 \sim 10^5$ 高斯的直流磁场以及从毫秒到微秒的脉冲磁场，测量精度可以达到
$0.01\% \sim 1\%$。霍尔元件受温度影响，高精度测量需要恒温控制。核磁共振
仅适合于测量均匀磁场，其精度受被测磁场的均匀度、稳定度和噪声的限
制。磁光效应法中，一般利用法拉第旋光效应测量，特点是对环境不敏
感，适合于对温度变化范围很大条件下的磁场进行测量，如等离子体中的
强磁场、低温超导强磁场等。因为法拉第效应的弛豫时间很短（10^{-10} s），
所以除了测量恒定磁场外，还可以测量脉冲磁场和交变磁场，适用的带宽

范围很大。SQUID 超导量子干涉法，是目前弱磁场测量中精度最高的，可用于测量生物磁场、人体表面磁场、地磁场波动等，但超导所需的低温环境较为特殊。

2）测量方法与信号恢复

（1）磁场分类

按照频带宽窄，被测磁场可以分为（时域暂态）宽频信号和固定频点的（正弦）稳态信号两类，这两类信号在对磁场进行还原恢复时的方法上存在很大差异。

按照磁场强度大小，被测磁场可以分为强磁场和弱磁场，被测磁场幅值范围影响选用何种测量原理进行测量。按照信号频带所处频率区域，被测磁场可以分为恒定磁场、低频磁场和高频磁场。不同的频带区域也影响测量原理的选择。

典型的宽频暂态信号为雷电流信号，或者脉冲电流产生的磁场信号。以脉冲功率电源产生的磁场为例，脉冲信号如图 3 - 1 所示。

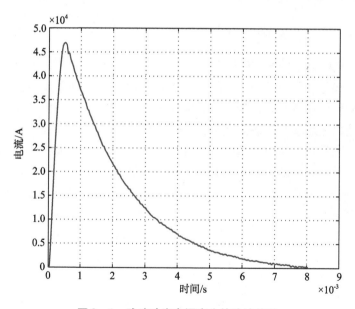

图 3 - 1　脉冲功率电源产生的脉冲信号

（2）测量与信号恢复方法

测量从频域和时域可以分为频域测量和时域测量两类，这两种测量方法各有优缺点。在测量过程中主要根据被测波形的特性选择合适的测量方法。针对上述两种测量方法，被测信号的恢复方法也分为频域的网络函数法和时域的反卷积法。

频域测量是对被测信号在单一频点上进行测量，通过对不同频点的响应进行测量，最终可得到输出响应的频域波形，再利用系统传递函数，还原出被测磁场波形。频域测量适合于测量周期信号或者可以重复实现的脉冲信号。设输入信号为 X，输出信号为 Y，系统冲击响应为 H，则有

$$Y(\omega) = X(\omega) \cdot H(\omega) \tag{3-1}$$

$$X(\omega) = \frac{Y(\omega)}{H(\omega)} \tag{3-2}$$

$$x(t) = F^{-1}[X(\omega)] \tag{3-3}$$

时域测量直接反映被测波形的信息，对于宽频暂态信号，频谱分量丰富。频域中激励函数和系统函数的乘积等于响应函数，时域中激励函数和冲激响应函数的卷积等于响应函数。

$$y(t) = x(t) * h(t) \tag{3-4}$$

为了得到被测激励信号，可以变换到频域，利用系统函数处理，或者作时域反卷积对信号进行恢复。

3.1.3 环天线

1）环天线的工作原理

环天线是一种标准天线，既可以通过理论计算得到天线的输入、输出特性，又可以通过实验得到输入和输出之间的关系。由天线系数即可通过探头的输出电压反算出被测磁场。

但是利用环天线进行精确测量通常比较困难，受到很多因素制约，尤其是在测量非辐射的近场时，其感应场以及驻波现象会对测量精度造成很大影响[4]。此处考虑的环天线是电小尺寸的平衡对称的环天线。根据法拉第电磁感应定律：

$$V_i = \frac{d\varphi}{dt} = \frac{d(NA\mu_0\mu_r H)}{dt} \tag{3-5}$$

上式对时间求导展开：

$$V_i = \frac{d\varphi}{dt} = NA\mu_0\mu_r \frac{d[H(t)]}{dt} + N\mu_0\mu_r H \frac{d[A(t)]}{dt} + NA\mu_0 H \frac{d[\mu_r(t)]}{dt} \tag{3-6}$$

最基本的感应线圈测量法基于上式右端第一项。

环天线工作模式有三种：电压输出方式（开路电压环）、电流输出方式（短路电流环）、补偿的电压输出模式。

（1）开路电压输出方式

线圈不含铁芯，不包含非线性铁磁物质，所以线圈参数特性稳定。在低频段，电压输出方式的输出电压和感应电动势呈线性关系。电压输出方式是直接输出开路电压，如图3-2所示。

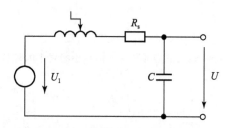

图3-2　环形感应线圈在电压输出模式下的等效电路

其中L_s和R_s是线圈的电感和电阻，C是线圈端口等效的寄生电容。在某一频率f下，可得端口输出开路电压U_o为

$$U_o = U_i \frac{\dfrac{1}{j\omega C}}{j\omega L_s + R_s + \dfrac{1}{j\omega C}} = \frac{j\omega B \cdot AN}{1 + j\omega C(j\omega L_s + R_s)} \tag{3-7}$$

在低频段，寄生电容、线圈的电感和电阻都很小，开路电压的幅值等于感应电动势的大小。此时采用电压输出方式，输出电压和频率的关系为线性关系。如果测量正弦稳态磁场，可以仅仅检测开路输出电压的峰值或者有效值。下式为有效值相关的公式：

$$V = 4.44NAfB_{max} = 1.11N\pi d_m^2 fB_{max} \tag{3-8}$$

式中，d_m为线圈的等效平均直径，A为线圈等效面积，N为线圈匝数。

（2）短路电流输出方式

线圈的分布电容和分布电感使得线圈会在某些频点发生谐振，因此，电压输出方式在高频段的频率特性会呈现出非线性。寄生电容对温度特别敏感，所以线圈的频率特性随温度变化而改变。在线圈端口处的寄生电容影响最大，且其控制着最低的谐振频点。为了克服线圈端口处寄生电容带来的影响，有另一种电流输出的方式，如图3-3所示。

其中，运算放大器把线圈端口处的寄生电容短路，相当于把线圈短路，然后由运算放大器把短路电流由R_2采集得到。运算放大器相当于一个电流电压转换器。分析以上电路，设流过电阻R_2的电流为I，则在某一频率下：

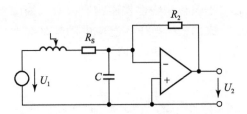

图 3 - 3　环形感应线圈在电流输出模式下的等效电路

$$U_o = -\left(\frac{U_i}{j\omega L_s + R_s}\right) \cdot R_2 = -\left(\frac{j\omega B \cdot AN}{1 + \frac{j\omega L_s}{R_s}}\right)\frac{R_2}{R_s} \qquad (3-9)$$

设输出电压幅值为 V_2，则有

$$V_2 = \frac{R_2}{\sqrt{(2\pi f L_s)^2 + R_s^2}} \cdot NA(2\pi)fB \qquad (3-10)$$

即得到传递函数。末端接小电阻也是一种使用方式，其等效电路如图 3 - 4 所示。

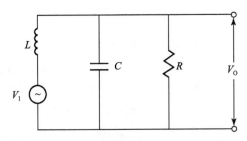

图 3 - 4　末端接小电阻的等效电路

天线的谐振频率和环天线的分布电容、端口电容以及环的电感有关。设负载电阻 R 与频率无关，则输出电压 V_o 和感应电动势 V_i 的关系为

$$\frac{V_o}{V_i} = \frac{-j \cdot \frac{1}{\delta}}{\frac{1}{Q} + j\left(\delta - \frac{1}{\delta}\right)} \qquad (3-11)$$

式中

$$Q = \frac{R}{X_0}, X_0 = \omega_0 L - \frac{1}{\omega_0 c}, \delta = \frac{\omega}{\omega_0} \qquad (3-12)$$

谐振角频率表示为

$$\omega_0 = \frac{1}{\sqrt{LC}} \qquad (3-13)$$

单匝低频环天线的电感计算公式为

$$L = \mu b\left[\ln\left(\frac{8b}{a}\right) - 2\right] \qquad (3-14)$$

式中，b 为环的半径，a 为导线的半径。因为环的半径一般比导线的半径大很多，因此单匝环天线的电感近似计算公式为

$$L \cong \mu b\ln\frac{b}{a} \qquad (3-15)$$

环天线的电容的计算公式为

$$C = \frac{2\varepsilon b}{\ln\left(\frac{8b}{a}\right) - 2} \qquad (3-16)$$

由于 $\ln(b/a)$ 远比 1 大，因此电容计算公式化简为

$$C \cong \frac{2\varepsilon b}{\ln\left(\frac{b}{a}\right)} \qquad (3-17)$$

可以定义探头的传递函数为

$$T(f) = \left|\frac{V_o}{H_i}\right| = \omega_0\mu NS\left|\frac{1}{\frac{1}{Q} + j\left(\delta - \frac{1}{\delta}\right)}\right| \qquad (3-18)$$

归一化后得到

$$T_n(f) = \left|\frac{1}{\frac{1}{Q} + j\left(\delta - \frac{1}{\delta}\right)}\right| \qquad (3-19)$$

传递函数 $T_n(f)$ 是 $\delta = \omega/\omega_0$ 和 $Q = R/X_0$ 的函数，当 R 确定后，品质因数是一个常数，一个环天线的传递函数如图 3-5 示。

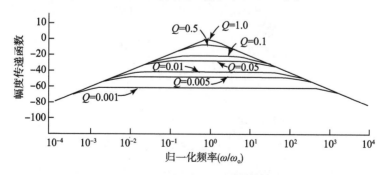

图 3-5　一种环天线的传递函数

就频域测量而言，天线带宽越宽，工作频段幅频特性保持水平；对于时域暂态信号，可只关心如何获取传递函数，即复天线系数。

就天线设计层次而言，环天线结构确定后（匝数、结构尺寸、材料），其电感和电容是固定的，谐振频率点确定，可以通过调节末端负载电阻 R，调节上限和下限截止频率点[63]。商用的环天线，通常都是屏蔽的环天线，根据不同的情况，探头的结构也有不同程度的差异，如图 3 - 6 所示[53]。

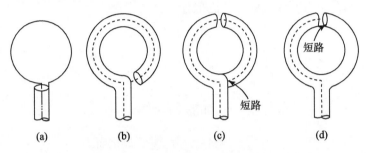

图 3 - 6   环形探头的几种结构

目前使用较多的结构是屏蔽层中间开口形式，校准实验的屏蔽环天线也是中间开口的形式，环天线为同轴电缆绕制，在远端屏蔽层完全开缝隙，在近端，内导体和外屏蔽体导通连接，并和原先的外屏蔽体连接导通[59]，如图 3 - 7 所示。

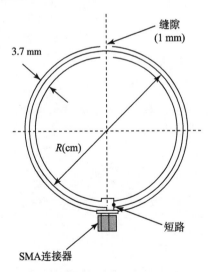

图 3 - 7   有屏蔽层的环天线结构

文献［52］分析了环天线的屏蔽层的影响，在低频段，屏蔽层作为静电屏蔽壳，屏蔽和抑制电场；在高频段，外屏蔽层载有感应的电流。对屏蔽环天线在不同频率，尤其是高频情况下的等效电路，电场抑制以及输入阻抗作了研究分析。只要屏蔽层的厚度 t 小于趋肤深度 δ，屏蔽层就能起到静电屏蔽的作用，此时磁场的计算和中心导体之间的关系可以不考虑屏蔽的作用。

存在一个由屏蔽层厚度 t 和趋肤深度 δ 决定的频率 f_δ，当 $f \geq f_\delta$ 时，趋肤效应起主要作用，此时内导体电流 I_A、屏蔽层外表面电流 I_{Se} 和内表面电流 I_{Si} 如图 3 - 8 所示。

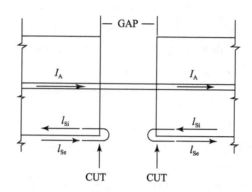

图 3 - 8 高频电流在间隙处的流向示意图

其中，$I_A = I_{Si} = I_{Se}$，其总体的效果就是内导体电流等效地分布在外屏蔽体表面。由于在高频区域，屏蔽层中的电流相当于改变了原来和磁场耦合的电流路径，因此改变了线圈的电感等参数，对环天线的端口阻抗、电场抑制、天线系数均有影响，因此在设计和使用探头时需要特别注意。

（3）电场抑制

在低频范围，屏蔽层主要起静电屏蔽的作用，作用类似于法拉第笼，随着频率的升高，屏蔽层起到导通电流的作用，最终屏蔽层外层电流取代内部导体，作为真实的和外磁场耦合的导体环。对于小环天线（$2\pi b \leq \lambda$ 时，b 是探头半径，λ 是波长），设被测磁场正好为环探头的最大耦合方向，外电场恰好环绕环天线的周长方向，则等效电路如图 3 - 9 所示。

其中 L 和 C 是环探头的电感和电容，V_H 和 V_E 是外磁场和外电场作用的等效电压源，R 是探头端口外接阻抗，V_R 是外接阻抗电阻上的采样电压。其中电感和电容的计算公式和 3.1.2 节中叙述一致，需要注意的是，如果某一端接地，电容值会增加。其中：

$$V_E = -\pi b E \qquad\qquad (3-20)$$

$$V_H = -j\omega\mu_0 H \cdot (\pi b^2) \qquad\qquad (3-21)$$

设 V_R 由 V_{RH} 和 V_{RE} 两部分组成，磁场和电场的贡献比值为

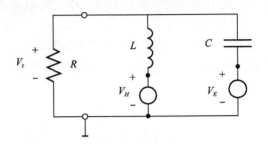

图3-9 简化了接受回路的等效电路

$$\frac{V_{r_H}}{V_{rE}} = \frac{-j}{4\pi\varepsilon_0} \cdot \frac{1}{bf} \cdot \frac{H}{E} \qquad (3-22)$$

由此可知，端口电压中磁场和电场贡献的比值与末端阻抗取值无关。且由关系可知，环线圈半径越大，频率越高，电场抑制作用越差。

（4）切口的端口阻抗

随着频率升高，屏蔽外表层电流逐渐起主要作用，相当于环电流半径增大，直接影响环探头电感 L 的大小。屏蔽层切口的不同，对应的等效电路也不同，如图3-10所示，其中图3-10（a）为屏蔽层有侧向间隙或中心间隙时环探头的等效电路，图3-10（b）为环路导体在探头颈部接地时的等效电路。

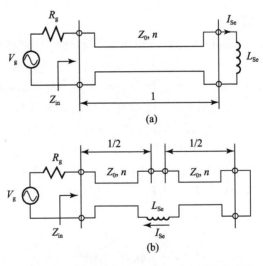

图3-10 屏蔽层不同切口位置对应的等效电路

屏蔽层开口的入端阻抗由环天线的电感以及内导体和外屏蔽层组成的传输线贡献，由图 3 - 10 可知，不同屏蔽层开口配置等效电路有所差异。

$$Z_{in}(\omega) = Z_0 \cdot \frac{j\omega L_{Se} + jZ_0 \tan(\beta l)}{Z_0 - \omega L_{Se} \tan(\beta l)} \qquad (3-23)$$

屏蔽层对天线系数的影响，主要是由环探头等效电感发生变化引起的。没有屏蔽的情况下：

$$ACF_A = \frac{H_{ave}}{V_r} = \frac{\sqrt{R^2 + (\omega L_A)^2}}{\omega \mu_0 S_A R} \qquad (3-24)$$

有屏蔽之后：

$$ACF = \frac{H_{ave}}{V_r} = \frac{\sqrt{R^2 + (\omega L_{Se})^2}}{\omega \mu_0 SR} \qquad (3-25)$$

2）环天线磁场测量及信号恢复

一般情况下，被测的电磁场可以分为两大类：稳态电磁场和暂态电磁场。下面分别对这两种不同情况下的磁场测量和信号恢复方法进行叙述。

（1）正弦稳态磁场测量及信号恢复

测量正弦稳态磁场，一般只需要知道天线的幅频特性，由探头输出电压的幅值大小，即可通过天线系数的幅频特性得到正弦稳态磁场的主要信息，此时其相位信息没有太大意义。由于天线系数的幅频特性相对相频特性来说很容易得到，因此测量正弦稳态磁场比较直接方便，由天线系数即可直接折算出输出磁场大小。因此，测量的主要任务是对探头进行校准标定，得到天线系数。

（2）时域暂态磁场测量及信号恢复

时域暂态磁场的信号恢复通常需要综合考虑幅频特性和相频特性，只有如此才能恢复出被测磁场的时域波形。

文献［48］研究了利用小环天线测量瞬态磁场的情况，表明在特定的频率范围内，环天线的输出电压和输入磁场之间的关系仅仅为对时间导数的关系；因此，只要被测信号的频率在满足此关系的频率范围内，就可以直接利用环天线测量磁场，然后对探头的输出电压进行积分即可得到被测磁场大小。

从系统分析的角度考虑，设被测磁场为 $B(t)$，经过环天线的整个测量系统，输出电压设为 $V_o(t)$，系统网络函数设为 $T(\omega)$，则有

$$T(\omega) = \frac{V_o(\omega)}{B(\omega)} \qquad (3-26)$$

式中，$V_o(\omega)$ 为 $V_o(t)$ 的傅里叶变换式，$B(\omega)$ 为 $B(t)$ 的傅里叶变换式。环天线的等效电路如图 3 - 11 所示，在环天线末端有端口阻抗。

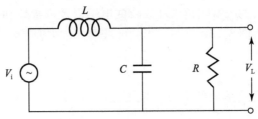

图 3-11　环天线的等效电路

此时，输出电压：

$$T(\omega) = \frac{V_{\mathrm{L}}(\omega)}{B(\omega)} \tag{3-27}$$

$$V_{\mathrm{L}}(\omega) = V_{\mathrm{i}}(\omega) \frac{R}{R - RLC\omega^2 + \mathrm{j}\omega L} \tag{3-28}$$

$$V_{\mathrm{i}}(\omega) = NA\mathrm{j}\omega B(\omega) \tag{3-29}$$

则

$$T(\omega) = \frac{NA\mathrm{j}\omega R}{R - (RLC\omega^2 - \mathrm{j}\omega L)} \tag{3-30}$$

由此可知，当

$$R \gg RLC\omega^2 - \mathrm{j}\omega L \tag{3-31}$$

时，网络函数就简化为

$$T(\omega) = NA\mathrm{j}\omega \tag{3-32}$$

此时，环天线输出电压和输入磁场之间的关系仅为时间导数关系，相当于探头输出电压为环天线的感应电动势大小。由探头天线系数的定义可知，此时探头天线系数与频率之间的关系为线性关系，可以仅通过积分得到被测磁场。

$$V_{\mathrm{o}}(t) = \frac{\mathrm{d}\Phi}{\mathrm{d}t} = NA\mu_0\mu_{\mathrm{r}} \cdot \frac{\mathrm{d}(H(t))}{\mathrm{d}t} \tag{3-33}$$

式中，N 为环天线匝数，A 为环天线的面积。当输出电压满足上述关系时：

$$H(t) = \frac{1}{NA\mu_0\mu_{\mathrm{r}}} \int_0^t V_{\mathrm{o}}(t)\,\mathrm{d}t \tag{3-34}$$

以上用环天线测量暂态磁场利用的是输出电压和输入磁场的直接关系。在时域中直接求解，省去了测试校准环天线相频特性的环节，且最终的数据处理过程也得到简化。

通常在测量暂态磁场时，要用复天线系数还原信号，在频域中可以利用网络函数和傅里叶变换进行处理，在时域中则可以直接通过反卷积运算。

对于环天线测量，需要注意的是，天线系数一般是通过平面电磁波进行校准的，而在实际使用探头时经常在近场区域，此时探头内部的电磁场分布不均匀，按照以上分析过程也会引起误差，探头和被测物体之间保持适当的距离可以减小这种误差。

（3）幅频特性和相频特性

对于环天线的网络函数，其幅频特性和相频特性在特定条件下有着非常特殊的关系。特别地，在最小相位系统中，其频域幅度谱的对数值和频域相位谱互为 Hilbert 变换对[64]，因此可以通过幅频特性曲线重构得到相频特性曲线，简化了实验和信号还原过程。

3.1.4 探头校准

在电磁场的测量中必须对测量探头进行校准，探头天线系数校准的好坏直接影响被测磁场计算的准确性。根据标准文献［65］，有三种校准探头的标准方法：标准场法、参考探头法和理论计算法。其中前两种方法使用较多。

标准场法（Standard Field Method）利用已知的标准 TEM 电磁场对测量探头进行校准。通过已知的被测磁场和探头的输出电压，即可直接得到探头的天线系数。为了产生标准的横电磁波，可以使用开阔场（Open - site）或者暗室作为标准场的环境，然后用特定的天线发射出特定频段、特定强度的电磁波用于校准探头。图 3 - 12 所示为全波暗室的示意图。

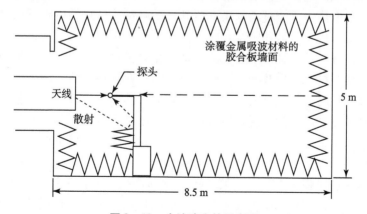

图 3 - 12　全波暗室的示意图

目前经常使用的是 TEM 小室。由于标准场法的关键只是在于产生一个均匀的标准电磁场区域，用于校准电磁探头，因此可以利用各种天线对探头进行校准，例如 TEM - Horn 天线，如图 3 - 13 所示。

图 3 - 13　实际的 TEM - Horn 天线

为了得到探头的复天线系数，尤其是测量暂态信号的情况下，文献
[54] 讨论了一种三探头的方法进行校准，从而得到探头的复天线系数。
参考探头的方法（Reference Probe Method）也经常使用，除此之外全阻抗
方法及组合的方法等新的校准方法也有应用。

3.2　轨道上方瞬态磁场

直线电动机除了位置固定的母线导体外，还有沿母线运动的电枢；母
线回路注入脉冲电流后，电枢会被加速而运动。瞬态磁场波形用环探头测
量，母线总电流由标定过的罗果夫斯基线圈测量。母线导体附近的磁场波
形与电流波形的上升沿和脉宽相同；在母线轨道不同位置，轨道上方观察
点处的瞬态磁场波形会由于电枢的运动和相对位置等因素，使测量磁场波
形的上升沿与脉宽发生改变；实验结果表明，在脉冲电流激励下，电枢作
加速运动，此时电枢上方的磁场波形上升沿时间更短。不同的测量点处的
电枢运动速度越高，脉冲磁场波形的上升沿越陡；越靠近母线末端，磁场
波形脉宽越窄，磁场频谱密度的频带范围越宽，这对电磁干扰防护以及测
量有一定的参考意义。

导体中通过瞬态电流后，其周围会立即产生与电流波形类似的波形；
当带有瞬态电流的运动电枢作用时，且电枢作加速运动，则观察点处的瞬
态磁场波形会发生改变；瞬态磁场波形用环探头测量[66,67]，母线总电流由
标定过的罗果夫斯基线圈测量。环探头可以用来测量静电等瞬态场[68,69]，
电磁发射装置磁场频率范围在 10 MHz 以内，属于近场测量；实际使用的
环探头通常带有屏蔽层，文献 [70, 71] 对带屏蔽的环探头测量瞬态磁场

进行了研究；文献［72］在此基础上测量了脉冲功率电源开关附近的瞬态磁场波形，为强流瞬态电磁干扰问题提供实验支持[73]。实验结果表明，在脉冲电流激励下，电枢作加速运动，此时电枢上方的观测点得到的磁场波形上升沿时间变短。由于电枢的运动，改变了瞬态脉冲磁场波形的上升沿，增加了磁场频谱密度的频带范围，这对电磁干扰防护以及测量有一定的参考意义。

3.2.1　测量典型结果

轨道电流由多个电容式脉冲功率电源并联运行提供，单个电源模块电容 2 mF，最高充电电压 10 kV，所产生的脉冲电流峰值可达 50 kA；共有 28 个电源模块，可以时序控制不同电源模块导通；电流由电缆从脉冲功率电源连接到汇流排，最终汇集到一对铜轨道上，轨道截面为矩形，高 40 mm，宽 15 mm，长 4 m；轨道间隙为 30 mm；电枢为 C 形固体，材料为硬铝；不同充电电压和时序条件下，轨道总电流会发生变化。通常充电电压为 8 kV，时序保持一致的情况下进行，电流峰值可达 600 kA 左右。

实验测量了轨道上方 7 cm，分别水平距离轨道电流注入端 42 cm、70 cm 和 113 cm 处的时域磁场波形，分别如图 3 - 14、图 3 - 15、图 3 - 16 和图 3 - 17 所示，测量磁场方向为垂直向上。电枢起始位置距离电流注入端 10 cm。为了便于比较测量结果，还在电流注入端处，轨道侧方 2 cm 的位置测量磁场波形，如图 3 - 14 所示。其中实线为母线轨道注入端磁场环探头测量的电压信号，另一条曲线为探头电压积分处理后的磁场波形，由图 3 - 15、图 3 - 16 和图 3 - 17 可知磁场波形的脉宽大约 2 ms，上升沿时间大约 1.5 ms。

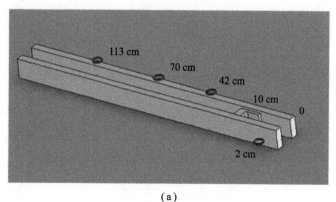

(a)

图 3 - 14　测量点

(a) 探头与轨道的相对位置

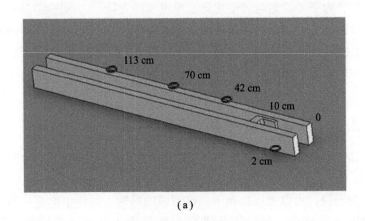

(a)

图 3 – 14 测量点（续）

（b）母线轨道入端侧方瞬态磁场波形

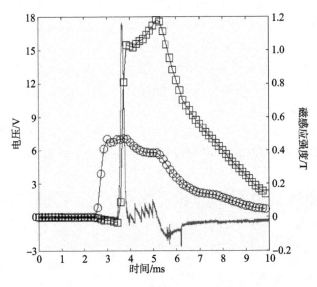

图 3 – 15 负载导轨 42 cm 处波形

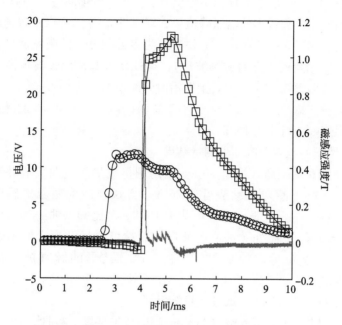

图 3 - 16 母线导轨 70 cm 处波形

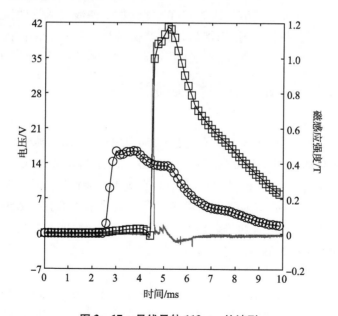

图 3 - 17 母线导轨 113 cm 处波形

1）距起始位置 42 cm 处测量结果

图 3 - 15 中实曲线为环探头输出电压波形，峰值感应电动势可达18 V，比母线侧方环探头输出的电压峰值大，即其测量得到的脉冲磁场波形上升沿要更陡。如图 3 - 15 所示，方块连线为该处积分后的磁场波形，对比圆点曲线（入端轨道侧方的磁场波形），可知此处脉冲磁场波形滞后于入端口处磁场波形大约 1 ms，并且上升沿时间缩短为大约 0.4 ms，整个磁场波形的脉宽被"截短"为 1.5 ms，小于总激励电流大约 2 ms 的脉宽；峰值磁感应强度峰值可达 1.18 T。

2）距起始位置70 cm 处测量结果

图 3 - 16 是距离入端口 70 cm 处的测量波形。实曲线为环探头输出电压波形，峰值感应电动势可达 26 V。方块连线为时域磁感应强度波形，图示峰值磁感应强度峰值可达 1.15 T。对比圆点曲线（入端轨道侧方的磁场波形），此处脉冲磁场波形滞后端口磁场波形大约 1.5 ms，且上升沿时间缩短为大约 0.2 ms，整个磁场波形的脉宽被"截短"为 1.0 ms左右。

3）距起始位置113 cm 处测量结果

图 3 - 17 是距轨道入端口 113 cm 处的测量结果。实曲线为环探头输出电压波形，峰值感应电动势可达 38 V。方块连线为时域磁感应强度波形，图示峰值磁感应强度峰值可达 1.13 T。对比圆点曲线（入端轨道侧方的磁场波形），此处脉冲磁场波形滞后端口磁场波形大约 1.8 ms，且上升沿时间缩短为大约 0.2 ms，整个磁场波形的脉宽被"截短"至小于1.0 ms。

3.2.2　测量装置与探头校验

1）时域测量装置

测量用 YOKOGAWA 公司的 DLM2054 型数字存储示波器采集探头信号，最高采样率 2 GS/s，带宽 500 MHz，存储深度 125 M。实验中以 1.25 GS/s采样率4 路通道同时工作，各采集 10 ms 长的信号，满足实验测量要求。选取微分磁场探头测量磁场[68,69]。实验中使用 HT - 6 型微分磁场探头。探头输出信号通过 50 Ω 同轴电缆传输到示波器。在频率较低的范围内，电缆的衰减很小，忽略电缆的影响[70]。

2）微分探头及其特性校验

微分探头测量原理：磁场的测量方法有多种，最基本的一种方法是基于电磁感应定律，利用环形线圈探头来测量磁场[71,74]，线圈匝数一般仅取 1 匝。该测量方法不能直接测量磁场，只能是先测得磁场的变化率或对时间的微分，然后通过积分处理得到磁场的时域波形。

被测磁场在线圈探头端口产生的开路电压 V 对应线圈中的感应电动势：$V = \mathrm{d}\psi / \mathrm{d}t = A\mathrm{d}B / \mathrm{d}t$，式中，$\psi$ 为线圈交联的磁链，A 为线圈的面积，B 为被测处的磁感应强度。由于环形线圈半径较小，所以近似认为圆环面积上磁场均匀分布。对感应电动势 V 进行积分，得到磁感应强度 B。

　　探头系数校验：磁场探头校验可按照文献 [72,75] 中的方法，通过标准场强仪器来校验。首先，在一个螺线圈中加不同频率的正弦电流，线圈有足够的高度和尺寸，在螺线圈中央的场可以近似认为是均匀的；然后，通过比较 PMM - 8053A 场强仪和微分探头测量值，对探头系数校对，给出矫正曲线。图 3 - 18 所示为 HT6 探头和 PMM - 8053A 标准场强仪的测量对比，可以看出 PMM - 8053A 和 HT6 探头的数据吻合较好。

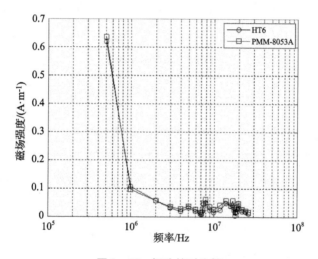

图 3 - 18　探头校对比较

3.2.3　理论计算

1）固定导体的磁场

　　设研究模型的激励电流为瞬态脉冲电流，电流典型波形如图 3 - 19 所示，电流分为上升沿、平台区和下降沿三个部分。脉冲电流维持若干毫秒，波形上升沿 0.5 ms 左右。对于直线电动机的母线系统，可以简化为如图 3 - 20 所示的双线电流模型，直线电动机除了位置固定的母线导体外，还有沿母线运动的电枢；母线回路注入脉冲电流后，电枢会被加速而运动。

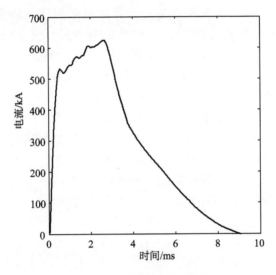

图 3 – 19　典型瞬态电流波形

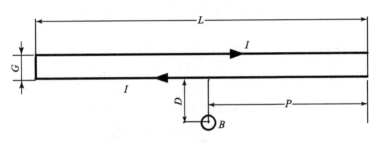

图 3 – 20　双线电流模型

此时把导线电流仍然简化为有限长线电流，与单根导线分析类似，此时是多根线电流磁场在测量处叠加即可，如图 3 – 20 所示，其中两根母线电流相同，母线间距为 G。则此探头测量磁场与电流之间的关系为

$$B = B_n + B_m + B_f \tag{3 – 35}$$

其中距离探头近侧的线电流产生的磁场为 B_n，运动的电枢段线电流则产生磁场 B_m，远侧线电流对应 B_f。

2）电枢运动的影响

在运动电枢正上方某一测量点处，测量方向为垂直方向，基于图 3 – 20 所示的简化模型，此时测量点处的瞬态磁场波形除了受到两侧母线的瞬态脉冲电流波形直接影响外，还与电枢段电流及其运动速度和相对位置有关。

设电枢以某一加速度从右至左运动，并从测量点下方通过，且电枢从零时刻开始注入瞬态脉冲电流波形。从零时刻开始，由于测量点相对于电枢由远及近，并且相对速度越来越快，相对于静止导体附近的瞬态脉冲磁场波形，该测量点处观测到的波形的上升沿会变得更陡，其脉宽会变窄，下降沿变化不大。这种运动电流导体瞬态磁场波形的脉宽"收缩"的现象，主要是由于测量点和运动的电枢导体之间相对位置变化引起的。在激励电流如图 3 - 19 所示条件下，可以通过对电枢加速运动进行仿真计算，得到电枢运动的速度、位移以及电流的对应关系。图 3 - 21 给出了电枢速度与位移的对应关系，图 3 - 22 给出了电流与电枢位移的对应关系。

由于磁场的方向性，位于电枢上方观测点的磁场主要由母线轨道电流提供，当脉冲功率电源给直线电动机母线轨道注入脉冲电流后，如图 3 - 21、图 3 - 22 所示，电枢开始加速运动，初始时刻测量点距离电枢较远，此时测量点磁场很小，随着脉冲电流的增加，电枢速度不断增加并迅速靠近测量点，因为磁场随距离衰减严重，所以直到电枢运动到较靠近测量点的下方时，测量点的磁场才会迅速增大。此时磁场波形上升沿与测量点和电枢的相对运动速度有关，速度越大，磁场波形上升沿越陡；当电枢通过测量点下方后，由于磁场主要由测量点周围附近的电流激励提供，因此瞬态波形的下降沿段波形不受电枢运动的影响。

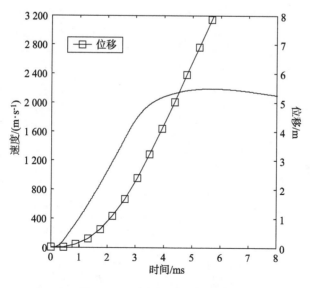

图 3 - 21　电枢的速度与位移

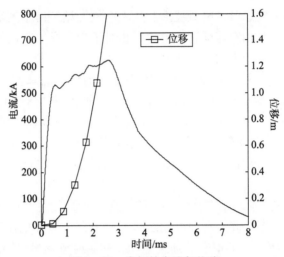

图 3 - 22　电枢的电流与位移

　　后处理采用 FFTW 数值计算库的 FFT 数字变换程序，对不同位置处的磁场波形数据进行了离散傅里叶变换，如图 3 - 23 所示，图中位置 A、B、C 分别对应 42 cm、70 cm 和 113 cm 处的测量结果。通过对比可以观察到：在平台电流区域，以轨道为坐标系，随着电枢不断加速，越靠近出炮口，磁场波形高频分量越丰富。

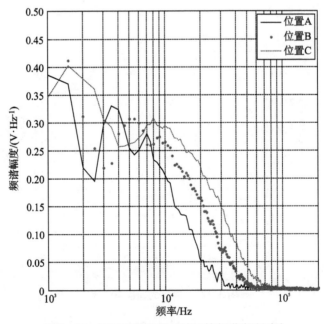

图 3 - 23　不同位置处磁场波形的频谱密度对比

3.3 电流

3.3.1 罗氏线圈

罗果夫斯基线圈（简称罗式线圈）测量法是基于电磁感应原理和全电流定律的测量电流的常用工具。如图3-24所示，罗氏线圈实际上是一个由漆包线均匀环绕在非磁性滚架上的空心螺线管。当被测电流垂直于螺线管所在平面，并沿着其几何中心穿过时，该电流所产生的磁场在螺线管中会生成感应电动势。在满足下列条件时，输出的感应电动势波形与被测电流波形相同：

①漆包线均匀环绕。

②非磁性骨架的横截面处处相同。

③被测电流从空心螺线管的几何中线垂直穿过。

④空心螺线管为理想圆环。

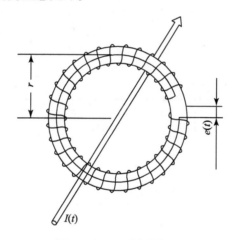

图3-24 罗氏线圈结构

被测电流在骨架圆环轴心处产生的磁场强度与被测电流的关系如下：

$$B(t) = \frac{\mu_0 \cdot I(t)}{2\pi \cdot r} \tag{3-36}$$

式中，r 为骨架圆环几何中心轴心的半径，μ_0 为真空磁导率。通过单匝线圈的磁通量为

$$\varphi(t) = B(t) \cdot S \tag{3-37}$$

式中，S 为单匝线圈的面积。单匝线圈输出的感应电动势为

$$e(t)_1 = \frac{\mathrm{d}\varphi(t)}{\mathrm{d}t} \qquad (3-38)$$

因此 N 匝罗氏线圈输出的感应电动势为

$$e(t) = N \cdot e(t)_1 = N \frac{\mathrm{d}\varphi(t)}{\mathrm{d}t} = N \cdot \frac{\mu_0 S}{2\pi \cdot r} \cdot \frac{\mathrm{d}I(t)}{\mathrm{d}t} \qquad (3-39)$$

因此罗氏线圈输出的感应电动势与被测电流之间的关系为

$$I(t) = \frac{2\pi \cdot r}{\mu_0 NS} \int e(t)\,\mathrm{d}t \qquad (3-40)$$

按照上述分析，在电磁轨道炮导线处安装罗氏线圈，并设置好参数后测得的轨道电流曲线如图 3 - 25 所示。

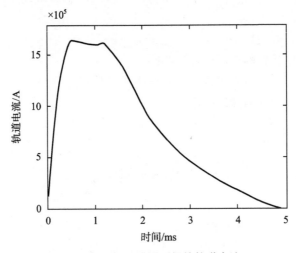

图 3 - 25　罗氏线圈测得的轨道电流

3.3.2　基于 B 探头测试

基于长线电流模型，根据单探头测量的磁场波形和探头与线电流间的距离，可计算出电流的波形。探头实际装配存在误差，并且趋肤和邻近效应使电流的等效位置不固定，使得电流和探头之间的距离不易预先测量。为了测量单根线电流的波形，利用双探头的方法，把探头到电流的距离作为未知量，仅需预先标定出两探头间的相对距离，即可通过测量磁场计算电流波形。同理，对于双线回路电流（两根线电流大小相同，方向相反）的情况，可用三探头的方法测量电流。为了简化计算，可设远端电流与探头的间距为常数，仍用双探头进行测量，因为远端电流对测量点的磁场贡献远小于近端电流的贡献，且远端电流距离远，位置波动对磁场的影响相对较小，所以仍可实现较为精确的测量。实验用双探头测量了长线回路瞬态电流的波形，双探头测量结果和标定过的罗氏线圈测量结果吻合得很好。在不宜安装罗氏线圈的情况下，用双环探头法可实现对瞬态电流的测量。

通过测量电流产生的磁场[76]，可以研究电流的波形，实验中采用环探头测量磁场[77~79]，计算结果与罗氏线圈测量电流比对验证[80,81]。研究长线电流分两种情况：

①单根电流模型，电流位置不固定，探头和线电流之间的距离无法预先测量；用双探头可得到电流波形。

②双根电流模型，两根线电流的大小相同，方向相反，线电流的位置不固定；用三探头可计算电流，但计算烦琐，简化后利用双探头也可实现较准确的测量。

根据单探头测量的磁场波形和探头与线电流间的距离，可计算出电流的波形。由于探头实际装配存在误差，并且趋肤和邻近效应使电流的等效位置不固定，所以电流和探头之间的距离不易预先测量。为了测量单根线电流的波形，利用双探头的方法，把探头到电流的距离作为未知量，仅需预先标定出两探头间的相对距离，即可通过测量磁场计算电流波形[82,83]。同理，对于双线回路电流（两根线电流大小相同，方向相反）的情况，可用三探头的方法测量电流。此时有三个未知量：两路电流与探头之间的距离，以及电流大小。利用三探头的方法，理论上可通过求解一个三元非线性方程组计算得到，但其求解烦琐，不利于计算和误差控制。实际工程中为了简化计算，用两个探头进行测量。为了把未知数简化为两个，可设远端电流与探头的间距为常数，仍用双探头进行测量，因为远端电流对测量点的磁场贡献远小于近端电流的贡献，且远端电流距离远，位置波动对磁场的影响相对较小，所以仍可实现较为精确的测量。实验用双探头测量了长线回路瞬态电流的波形，双探头测量结果和已标定过的罗氏线圈测量结果吻合得很好。在不宜安装罗氏线圈的情况下，用双环探头法可实现对瞬态电流的测量。

1）位置变化的单根长线电流

位置固定的单根长线电流测量模型如图 3 – 26 所示，根据安培环路定律，可得和线电流相距 D 处的磁感应强度为

$$B = \frac{\mu_0 I}{2\pi D} \qquad\qquad (3-41)$$

通过探头测量磁场 B 和测量点与电流之间的距离 D 即可计算出电流 I。位置变化的单根长线电流模型如图 3 – 27 所示，此时有两个未知量：探头与线电流之间的距离 D 和电流 I。用两个探头即可求出 I。设线电流大小为 I，

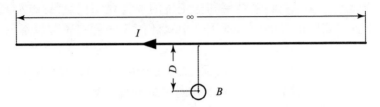

图 3 - 26   位置固定的单根长线电流测量模型

距离线电流近端的 1 号探头测量的磁感应强度为 B_1，远端 2 号探头测量的磁感应强度为 B_2，1 号探头与线电流间距离为 D，两探头之间的距离为 C，则有

$$B_1 = \frac{\mu_0 I}{2\pi D}, B_2 = \frac{\mu_0 I}{2\pi (D + C)}$$

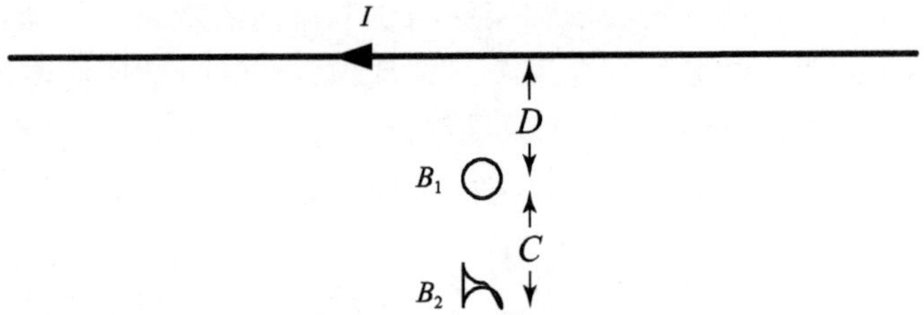

图 3 - 27   位置变化的单根长线电流测量模型

联立以上两式可得

$$I = \frac{2\pi C}{\mu_0 \left(\frac{1}{B_2} - \frac{1}{B_1} \right)} = \frac{2\pi C \cdot (B_1 B_2)}{\mu_0 (B_1 - B_2)} \tag{3-42}$$

由式（3-42）可知，当两个环探头测量得到暂态磁场波形 B_1 和 B_2 后，只需知道两个探头间的相对距离 C，即可得到暂态电流波形 I。

2）位置变化的双根长线电流

对位置变化的双根长线电流，可以增加探头数量来求解更多的未知量。首先，分析探讨三探头的方法，其计算过程烦琐；然后，对模型做简化，用双探头实现对双根长线瞬态电流的测量。

（1）三探头法

位置变化的双根长线电流测量模型如图 3 - 28 所示，此时的未知量有三个：探头距离两根线电流的距离 D_1 和 D_2，线电流大小 I；两根线电流大小相同，方向相反，设大小为 I；三个探头排列在垂直线电流的直线上；相对线电流由近及远分别为 1 号、2 号和 3 号探头，所测量的磁感应强度分别为 B_1、B_2 和 B_3；1 号探头与近端线电流之间的距离为 D_1，与远端线

电流之间的距离为 D_2，1 号和 2 号探头之间的距离为 C_1，1 号与 3 号探头之间的距离为 C_2，可得

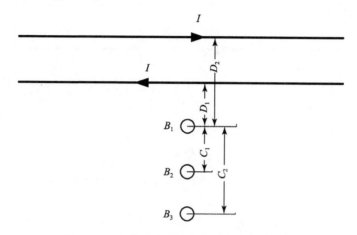

图 3 - 28　位置变化的双根长线电流测量模型

$$B_1 = \mu_0 \left[\frac{I}{2\pi D_1} - \frac{I}{2\pi D_2} \right] \tag{3-43}$$

$$B_2 = \mu_0 \left[\frac{I}{2\pi(D_1 + C_1)} - \frac{I}{2\pi(D_2 + C_1)} \right] \tag{3-44}$$

$$B_3 = \mu_0 \left[\frac{I}{2\pi(D_1 + C_2)} - \frac{I}{2\pi(D_2 + C_2)} \right] \tag{3-45}$$

式（3-43）～式（3-45）联立求解，三元非线性方程组求解烦琐，要按实际情况对解筛选，需要对其进一步简化。

（2）双探头法

双探头法测量位置变化的双长线电流模型如图 3 - 29 所示，因为采用双探头测量，只能列两个方程进行计算，因此至少需要把未知量简化为两个。考虑到远端线电流对磁场的贡献相对近端电流较小，设 D_2 为常数。如图 3 - 29 令 D_2 为常数，则此时的未知量只有 I 和 D_1，两个探头列出两个方程，联立得

$$\begin{cases} B_1 = \mu_0 \left[\dfrac{I}{2\pi D_1} - \dfrac{I}{2\pi D_2} \right] \\[2mm] B_2 = \mu_0 \left[\dfrac{I}{2\pi(D_1 + C_1)} - \dfrac{I}{2\pi(D_2 + C_1)} \right] \end{cases} \tag{3-46}$$

解得电流的大小为

$$I = \frac{2\pi}{\mu_0} \cdot \frac{B_1 B_2 (C_1^2 D_2 + C_1 D_2^2)}{D_2^2 B_1 - (C_1 + D_2)^2 B_2} \tag{3-47}$$

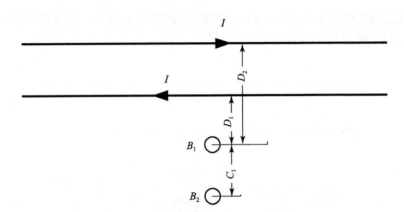

图 3 - 29　双探头法测量位置变化的双长线电流模型

（3）误差估计

设 D_2 为常数会引入误差，但磁场主要由近端电流贡献，并且 D_2 较大，由远端电流位置波动所占 D_2 的比例也较小。设近端电流 I 在探头 1 处产生的磁场大小为 B_{1n}，远端电流 I 在探头 1 处产生的磁场大小为 B_{1f}，由于两个电流方向相反，因此两个磁场方向相反。设 B_{1n} 方向为正方向，总磁场 B_1 则为

$$B_1 = B_{1n} - B_{1f} = \left(1 - \frac{D_1}{D_2 + C_1}\right)B_{1n} \tag{3-48}$$

设 $D_2 - C_1$ 变化为 $(1 + \xi)(D_2 - C_1)$，其中 $-1 < \xi < 1$，可得有改变后的相对误差为

$$\eta = \frac{D_1}{(D_2 + C_1) - D_1} \cdot \frac{\xi}{1 + \xi} \tag{3-49}$$

近似认为

$$\eta = \frac{D_1}{(D_2 + C_1) - D_1} \cdot \xi \tag{3-50}$$

可知，当两个线电流的间距 $(D_2 + C_1 - D_1)$ 大于探头与近端电流的间距 D_1 时，相对误差不会超过 ξ。相当于 D_1 越小，对误差控制越有利，因此配置探头与近端电流的距离小于间距。

实际双线电流中心间距为 4.5 cm，双探头分别配置在距离近端约 4 cm 内。设 D_1 为 2 cm，D_2 为 6.5 cm，C_1 为 2 cm，电流位置波动 0.5 cm，则对近侧探头 1 的误差为 2%，对远端探头 2 的误差为 3%。当对测量的暂态电流精度要求不高时，可以对暂态电流波形进行较精确的测量。用仿真软件 Maxwell 2D，瞬态电磁场求解器，平行平面场，求解模型截面分布图如图 3 - 30 所示，左右导体材料为铜，间距为 3 cm，矩形截面高 4 cm，宽 1.5 cm。左右导体激励电流方向相反，大小相同，瞬态电流波形[84,85] 如

图 3 – 31 所示。

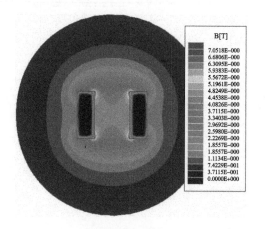

图 3 – 30　计算模型磁感应强度截面分布图

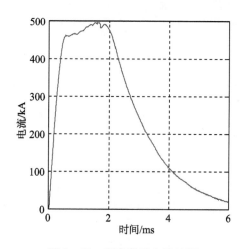

图 3 – 31　瞬态激励电流波形

　　图 3 – 32 给出了左导体侧面水平方向距离外沿不同距离处，沿垂直方向从上到下不同位置处的磁场大小；横轴为垂直方向的坐标，零点为垂直方向的中点，纵轴为磁感应强度大小。图 3 – 32（a）~（c）依次为 0.3 ms、1.2 ms 和 3.0 ms 时的对比图。由图可知，在 1.5 cm 外，零点左右 1 cm 内，磁场分布较均匀[86~90]，由装配引起的垂直方向的磁场测量误差较小。

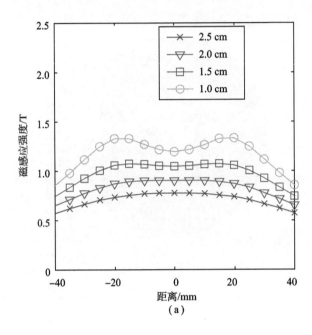

(a)

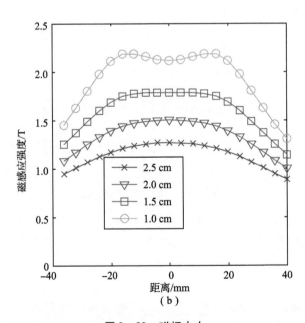

(b)

图 3-32 磁场大小

(a) 0.3 ms 时磁场分布对比；(b) 1.2 ms 时磁场分布对比

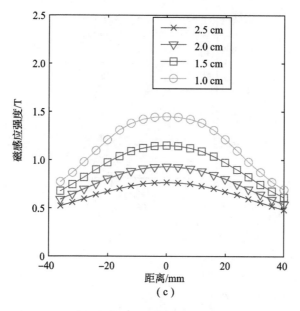

图 3 - 32　磁场大小（续）

（c）3.0 ms 时磁场分布对比

3）探头标定试验

（1）试验配置及数据

为了对多探头测量方法的测量系统进行标定，特别进行了测量系统的标定对比试验。试验对比了单探头测量系统、多探头测量系统、单模块罗氏线圈（NLG）以及标准商用 PEARSON 电流探头的测量结果。试验采用双环探头测量总电流的方法，测量了平行导轨回路的总电流；总电流由许多并联的电流源组成，各支路电流由罗氏线圈测量。双探头测量结果与罗氏线圈的合成总电流波形进行了对比。环探头 2 匝，半径为 0.5 cm，两探头间距为 2 cm，近端探头距离导体 1.5 cm；探头间距由试验标定。两组测量结果如图 3 - 33（a）、（b）所示。由图可知，基于双环探头测量的总电流波形与罗氏线圈测量波形吻合得较好。

利用环探头测量磁场，可以计算瞬态回路长线电流的大小；分析了双根长线电流对情况下的电流波形计算方法。对位置变化的单根长线电流，可用双探头测量电流波形；对位置变化的双根长线电流，用三探头的方法计算烦琐，简化后仍可采用双探头测量电流波形。合理配置探头的相对位置，可以有效控制误差。基于双环探头测量的总电流波形与标定后的罗氏线圈测量总电流波形吻合得很好，可实现较准确的测量。

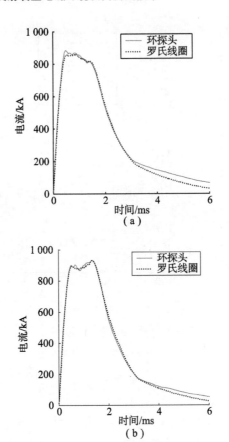

图 3 - 33　测量结果

（a）总电流测量对比一；（b）总电流测量对比二

3.4　膛内速度

电磁轨道炮是一种利用电磁力作为推进力的新概念动能武器。当前精确连续地测量内弹道运动过程中的速度和位移仍是测量系统中的难题。常用的测量电磁轨道炮内弹道速度、位移的手段主要有 B 探针法、直接接触式测量法、激光干涉测量法、高速摄影法和毫米波多普勒雷达等。

3.4.1　速度测量研究现状

内弹道速度测量方法多种多样，按照测量原理可分为电磁感应、多普勒效应、惯性效应、高速摄影成像等多种方法，在常规火药发射技术领域有广泛的应用，电磁轨道炮对内弹道速度测量提出了更高的要求。

1）电磁感应测量法

电磁感应测量法基于法拉第电磁感应定律，目前文献中报道的有两类，一类是利用 B 探针感应电枢和轨道放电电流，获取电枢的位移时刻点；另一类是利用 B 探针感应电枢预先埋的强磁体。目前磁探针已经普遍应用于电枢速度测量，其结构简单，应用广泛，抗干扰能力强。存在的关键问题是：

①基于离散的位移时刻点，难以直接精确获取连续速度信息。为了基于 B 探针连续获取速度信息，可以采用拟合计算的办法进行解决，本书拟采用基于炮尾电流波形的拟合计算方法，辅助以仿真计算和迭代算法，可通过离散位移时刻点得到连续的电枢速度和加速度波形。

②磁探针输出感应电压波形受到电流变化和内膛环境影响。通过理论分析和计算，对磁探针输出感应电动势波形的特征点与电枢位移对应关系进行深入研究，可获得更为精确的电枢"过零点"位置时刻特征点；剔除和分析电流波形变化以及轨道电枢分布电流的影响，对磁探针输出波形进行修正，提高测量精度。

2）多普勒效应测量法

该方法多采用微波或激光作为基波，利用运动物体回波信号的多普勒频移效应，通过基波与回波的混频或干涉，检出多普勒频移差量，进而折算出速度参量。该方法在电磁轨道炮试验中已经有应用，测量精度高，但是激光易受内膛烟尘、放电、激波等恶劣环境影响，国外有文献报道采用 W 波段微波测量，以期望克服恶劣环境影响。总体来看，试验装置的激励频率稳定性要求较高，测试试验成本较高。

多普勒雷达无线电发射机如图 3 - 34 所示，通过振荡器产生基准振荡频率，送入频率综合器，产生 f_0 和 $f_0 + f_1$ 信号，两路信号通过定向耦合器，分别指向发射模块和接收混频模块；f_0 信号经过调制器和隔离器，通过功率放大器和功率分配器馈加在若干发射天线上。

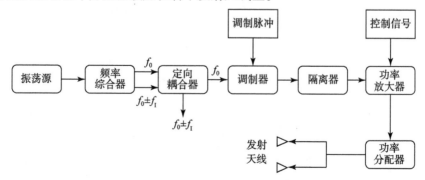

图 3 - 34　多普勒雷达无线电发射机

多普勒雷达无线电接收机如图 3-35 所示，接收天线接收的信号通过限幅器、带通滤波器、低噪放大器和距离波门选通，送入混频器和频率综合器产生的 $f_0 + f_1$ 混频，得到信号 $f_1 \pm f_d$，该信号送入视频放大器，经过模数转换器（ADC）数字化，进入数字信号处理模块，进而完成对多普勒频移的检测。

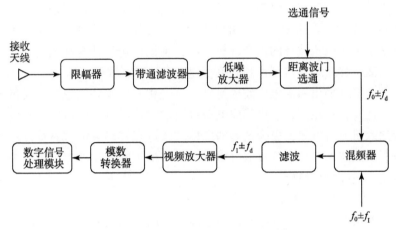

图 3-35 多普勒雷达无线电接收机

拟采用毫米波波段通用微波模块 MMIC 集成解决方案，工作频段为 24~90 GHz，该测速系统配置如图 3-36 所示，微波信号从发射口，经过反射镜反射，接收检测多普勒频移，实现电枢内膛速度的连续测量；该测速系统可以为发射器内膛测速试验提供比对手段。

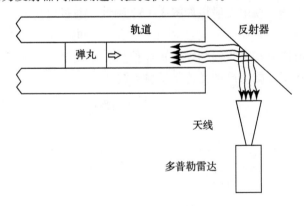

图 3-36 毫米波多普勒雷达

3）惯性效应测量法

基于电枢加速运动过程中物体的惯性效应，可以在电枢上放置压电或压阻等与惯性效应相关的加速度传感器,通过加速度传感器连续实时输出,在电枢上的本地存储装置对加速度量实时存储,完成加速度的测量。该方法已经广泛应用于多种常规弹药的弹载测量系统中;针对电磁轨道炮系统的特点,需具备抗瞬态强磁场和抗长时高过载的能力,对弹载数据存储系统的工作环境和回收提出了更高的要求。

4)摄影成像测量法

由于电磁轨道炮内膛结构周向密闭,为了实现摄影成像获取电枢速度,通常采用基于 X 射线的多轴高速数据成像装置,在美军披露的文献中,多用于炮口短距离窗口观察出炮口阶段前后的电接触状态和电枢姿态。该方法速度测量精度高、电枢内弹道各种特征信息量大,缺点是试验装置昂贵,数据量大,试验成本非常高。

5)现状小结

近年来国内外对于轨道炮电枢位置测量的主要研究方法包括:李菊香等根据电磁感应原理设计了 B 探针,并在试验中运用新方法计算出电枢通过 B 探针的时刻,与 B 探针感应电压信号的过零点时间做了比较[91];于洋利用激光干涉测速方法设计了一套切实可行的电磁炮膛内弹丸速度测试系统,以用于实时、精确、自动测量电磁炮膛内弹丸速度[92];曹昭君等给出了根据磁探针的感应电压信号以及驱动电流信号计算固体电枢运动速度的迭代算法[93]。2014 年,中国物理研究院对 W 波段多普勒雷达测速做了基础研究。

早期 B 探针测量速度,简单可靠,问题是无法获取连续内弹道速度信息。2014 年,徐伟东等对 B 探针的特征点和误差做了分析。2017 年,曹荣刚采用拟合方法对 B 探针测量的结果进行分析计算,得到了电枢的连续速度波形和电流波形。其间,B 探针也有各种形式的改变,电流等关键量测量方法和 PCB、柔性罗氏线圈亦有一定的项目研究。此外,基于光电原理的 PDV 和 VISAR 方法,均成功应用于超高速内弹道速度连续测量装置中,虽然精度较高,但存在的问题仍然比较突出,它们需要实验室测试环境下的精确安装和校准,通常在电磁轨道炮的实验环境中这些条件难以具备。

2003 年,法德 ISL 尝试用 W 波段雷达(90 GHz)进行内膛速度测量。从 2006 年开始,美军水面作战中心(NSWCDD)使用 W 波段(96 GHz)的多普勒雷达跟踪测量电磁轨道炮内弹道以及外弹道的弹丸速度(图 3 - 37),可以给出连续的内弹道和外弹道测量数据(2013 年,NSWCDD),但未见到有关精度的分析报道。

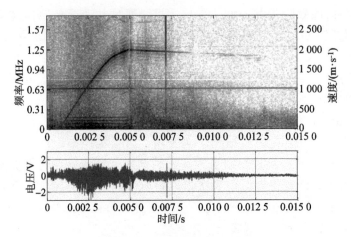

图 3-37　多普勒测速（美国）

采用 B 探针拟合速度测量方法，同时开展 W 波段连续波多普勒测速雷达研究分析，对两种方法进行对比验证。电磁轨道炮内弹道测试系统框图如图 3-38 所示。

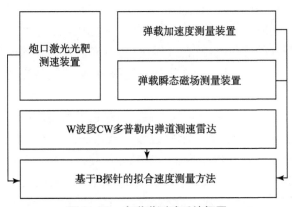

图 3-38　内弹道测试系统框图

3.4.2　电枢膛内速度测量系统

电枢膛内速度测量系统用于测量在发射时电枢在膛内的运动速度，测量电枢在膛内的运动状态、速度和位置与时间之间的对应关系；并通过产生烧蚀和刨削后电枢的速度变化，进一步研究发射过程中的一些物理现象。

B 探针是由工字形骨架结构和在其上绕有一定匝数的线圈组成的，测量时 B 探针的轴线与炮膛轴线平行，如图 3-39 所示，当穿过环形线圈的磁场随时间变化时, 就会产生电压信号。

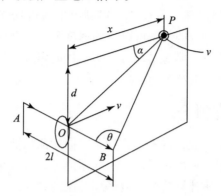

图 3 – 39   B 探针在轨道炮中的放置示意图

直线 AB 表示轨道炮电枢, 中点为 O, 长度为 $2l$, 电流为 I, 环线圈的轴线与炮膛的中心线在垂直方向上的距离为 d。假设电枢与环线圈的水平距离为 x, 电枢的速度为 v, 根据毕奥 – 萨伐定律, 穿过 B 点环线圈的磁通量为

$$\varphi = \frac{IA\cos\theta\sin\alpha}{2\pi\sqrt{d^2 + x^2}} \tag{3 – 51}$$

式中, A 为环路的总面积 (等于线圈匝数与单匝线圈面积的乘积), 且有

$$\cos\theta = \frac{1}{\sqrt{1 + (d/l)^2 + (x/l)^2}} \tag{3 – 52}$$

$$\sin\alpha = \frac{(d/l)}{\sqrt{(d/l)^2 + (x/l)^2}} \tag{3 – 53}$$

若取电枢速度为常数, 则 $\mathrm{d}\varphi/\mathrm{d}t$ 与 $\mathrm{d}\varphi/\mathrm{d}x$ 成正比, 图 3 – 40 给出了三个不同 d/w 值的计算曲线 (w 表示炮膛的宽度, 数值为 $2l$)。

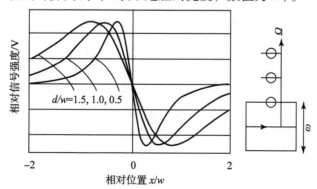

图 3 – 40   测量探头的输出电压波形

当等效电流的中心恰位于 B 探针下方时，B 探针的输出为零。因此沿炮膛放置一排 B 点环线圈，可很容易得到电枢通过任何一个环线圈的时刻，从获得的位置与时间的关系可以得到速度随位置和时间的变化。整个测量系统由 n 个 B 探针、数据传输线、多点同时触发装置、数据采集与控制系统，以及数据处理系统等构成。

3.4.3　速度拟合

轨道炮膛内速度测量通常采用 B 探头，原始测量值是分布于发射方向上的时刻和位置数据，利用相邻探头的数据信息，可直接折算出测量点之间的平均速度。该方法计算简单，但平均速度的位置难以精确确定，通常取中点位置为平均速度达到点，相邻探头的间距越小，其近似误差越小。介绍了一种新的速度计算方法，可实现对任意点的速度估计。该方法旨在通过脉冲总电流波形计算膛内电枢运动的时刻和位置曲线，以测量得到的时刻位置信息为约束，利用最小二乘法得到最佳估计曲线，最后对该时刻位置曲线计算时间的微分，计算出任意位置的速度大小。该种方法特别适合于 B 探针数量较少条件下的电枢内膛速度计算问题，具有一定的工程应用价值。

通常采用 B 探头来测量轨道炮膛内速度，原始测量数据为分布于发射方向上的时刻 T 和位置 D 信息，利用相邻探头的数据，即可直接折算出测量点之间的平均速度。该方法计算简单，但平均速度的位置无法确定，通常取中点位置作为平均速度到达点，相邻探头间距越小，则近似误差越小。为了通过原始测量数据，给出速度和时刻的分布曲线，分析了三类处理方法：

①利用 D 和 T 信息，首先得到中点位置 D_m 和平均速度 V_m，再通过 D_m 与 V_m 进行插值（样条插值和多项式插值）或曲线拟合（二次多项式、抛物线拟合），得到 $V(T)$ 曲线。

②对 T 和 D，首先采用多项式插值的方法，得到 $D(T)$ 的插值多项式，然后对得到的插值多项式作时间 T 的导数，即可得到 $V(T)$ 的分布。

③对 T 和 D，采用曲线拟合的方法，拟合曲线依次尝试了二次多项式、抛物线、双曲线和利用总电流计算得到的位置 – 时刻曲线，分别进行最小二乘拟合，最后利用得到的拟合曲线作时间的微分，求出速度分布。

试验结果表明，利用插值的方法，当相邻测量探头间距较小时，得到的速度分布结果效果较好，但在插值区间外，误差较大；利用曲线拟合的方法，在较大范围内均保持一定的拟合效果，但其速度曲线是拟合曲线的微分结果，受原始测量点分布和数量的影响，其计算结果差异仍然可能较大；最后一种方法利用试验测量得到总电流波形（幅值未知），仿真计算电枢的位移、速度分布，此时不仅仅是单纯的数学处理方法，同时引入了实际物理分析过程，对速度和位移分布具有很强的约束，因此，利用该方法计算得到的速度 – 位移曲线，在很大范围内，尤其是在测量点较少且测量点以外的位置处，仍然可以给出较精确的参考值，对实际工程试验过程有着非常大的参考意义和实用价值。

所研究的问题为：有一组试验数据 $D(T_n)$，$n = 1，2，\cdots，N$，其中 D 为位移，T 为时刻，希望求出该组数据对应的 $V(T)$ 曲线。本节分别论述三类计算电枢速度的方法，各种方法目标一致，但基于不同的思想和出发点，现将分析过程介绍如下，这对处理类似工程问题具有一定的借鉴意义。

（1）基于平均速度的插值或拟合法

该方法首先计算出平均速度值，然后对平均速度数据点进行差值或二次曲线拟合，进而计算出对应的 $V(T)$ 曲线。原始试验数据如表 3 – 1 所示。图 3 – 41 所示为通过三次样条插值和二次多项式插值得到的特定位置处的速度，试验测量可以得到电枢出炮口的最终速度，由图 3 – 41 可知基于平均速度的插值法对边界数据以及差值区间外的数据估计能力有限。

表 3 – 1 时刻与位置的原始测量数据

序号	位置	时刻
1	0	0
2	690	1. 143 6
3	1 400	1. 674 0
4	1 640	1. 810 2
5	4 010	2. 842 0
6	4 960	3. 186 2
7	5 440	3. 354 8

除了采用插值法，还可以通过曲线拟合的方式进行处理，对图 3 – 41 所处理的数据，若采用二次多项式、抛物线进行最小二乘拟合，计算结果如图 3 – 42 所示。采用最小二乘拟合需要预先给出被拟合函数的形式，其计算结果依赖于该函数与实际时刻 – 位置曲线之间的误差。对于实际试验过程，图 3 – 42 中由二次多项式拟合的曲线在 5 m 以后的位置处与实测速度数据偏差变大。

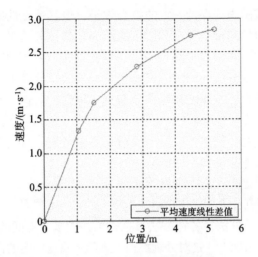

图 3-41 基于平均速度的插值法

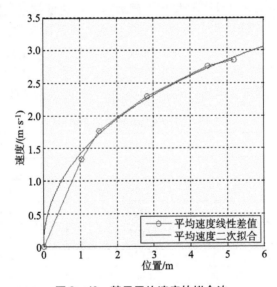

图 3-42 基于平均速度的拟合法

（2）基于原始数据的插值函数求导法

该方法和下一节介绍的方法，均对原始数据 $D(T)$ 直接作处理，得到 $D(T)$ 的曲线，然后对 $D(T)$ 求导数得到 $V(T)$。此处仅采用多项式插值的方法进行计算。根据多项式插值定理，N 个插值节点可以唯一地确定 $N-1$ 次插值多项式；对所选试验数据（同上），总共有 7 个数据节点，可唯一确定 6 次插值多项式，其解析表达式如式（3-54）所示，求导后 $V(T)$ 的表达式如式（3-55）所示。插值情况如图3-43所示，如图可知，由于阶数较高，曲线1阶导数非单调，在插值节点的外侧，其曲线挠度更大。

$$y = -0.001\ 66x^6 + 0.031\ 5x^5 - 0.236x^4 +$$
$$0.898x^3 - 1.87x^2 + 2.59x + 1.42\mathrm{e}^{-14} \tag{3-54}$$

$$y = -0.01x^6 + 0.158x^5 - 0.946x^4 + 2.69x^3 - 3.74x^2 + 2.59$$
$$\tag{3-55}$$

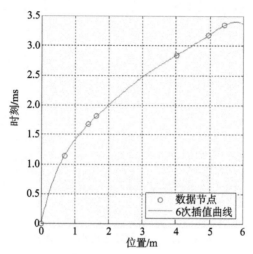

图3-43 插值多项式曲线（6次）

（3）基于原始数据的拟合函数求导法

利用平均速度进行插值和拟合时，由于平均速度本身的误差，计算结果存在再次的计算误差；采用多项式插值的求导法，直接对原始数据进行处理，但插值算法必过试验数据点，由试验测量数据误差同样会给计算结果带来不合理性；根据以上理由，引入基于拟合的求导法，依次尝试了二次多项式、抛物线、双曲线以及利用电流波形计算的非解析曲线，采用最小二乘法进行约束（图3-44~图3-46），求出$D(T)$拟合曲线后，对时间作微分，即可得到$V(T)$速度-时刻曲线。由图3-43可知，插值函数的次数越高，插值函数与实际曲线的差别可能会越大，试验数据同上节，最小二乘拟合计算后，式（3-56）为二次多项式拟合曲线表达式，式（3-57）为抛物线的拟合表达式，式（3-58）为构造的双曲线表达式，依次对时间求导，即可得到这三种曲线拟合条件下的速度-位置曲线（图3-47），如式（3-59）所示。

$$t = -0.109x^2 + 1.147x + 0.198 \tag{3-56}$$

$$t = \sqrt{1.418\ 5x} \qquad\qquad (3-57)$$

$$t = \sqrt{0.030\ 1x^2 + 1.887\ 6x} \qquad (3-58)$$

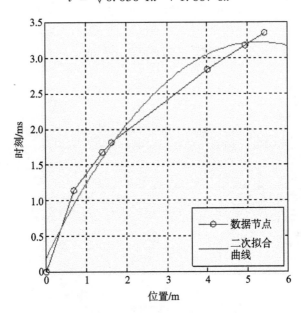

图 3-44　二次多项式最小二乘拟合

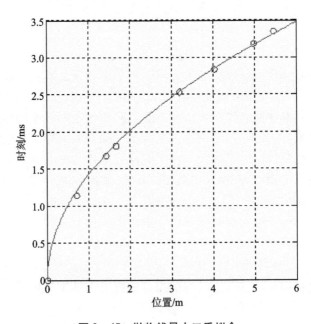

图 3-45　抛物线最小二乘拟合

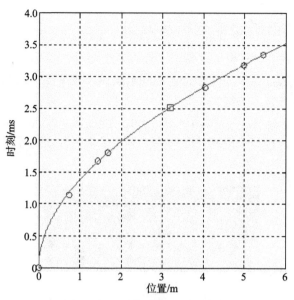

图 3-46 双曲线最小二乘拟合

$$\frac{1}{dx/dt} = -0.218x + 1.147$$

$$\frac{1}{dx/dt} = \frac{1}{2}\sqrt{\frac{1.418\,5}{x}} \qquad (3-59)$$

$$\frac{1}{dx/dt} = \frac{1}{2}\frac{0.060\,2x + 1.887\,6}{\sqrt{0.030\,1x^2 + 1.887\,6x}}$$

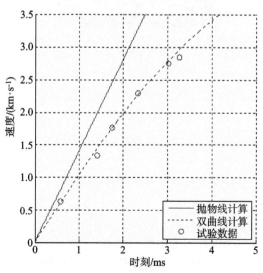

图 3-47 数据对比

3.4.4 电磁轨道炮探头改进

B探针沿着发射器定位，每个探针在每个差分点拾取电枢的空间位置和经过时间。通常，这些B探针连接到示波器或数字数据采集系统，并且每个探针为一个通道。但实际上不需要使用那么多通道。

图3-48（a）（b）展示了对B探针连接方式的改进。连接器制作简单，成本低廉，有利于控制通道总数。下面讨论三种新的连接器模式，即2到1模式和3到1模式。

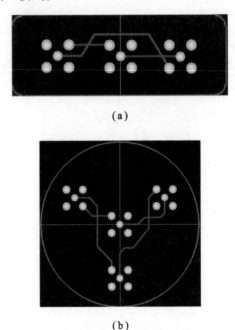

(a)

(b)

图3-48 对B探针连接方式的改进

(a) 2到1模式的探针连接器；(b) 3到1模式的探针连接器

通过最小二乘法估计电枢的运动状态，可以得到轨道主电流波形，该电枢的运动状态可以通过沿发射器布置的B探针测量。我们认为电磁力是影响电枢受力的主要因素，由于摩擦力和空气摩擦力比前者小得多，在以下试验中被忽略。简化的等质量电枢模型可表示为

$$s = \frac{1}{2}\frac{F}{m}t^2 = \frac{1}{2m}\cdot\frac{1}{2}L'I^2\cdot t^2 \qquad (3-60)$$

式中，L'为轨道电感梯度，m为电枢质量，I为轨道的主电流，s为电枢经过的距离。根据方程（3-60），利用距离（s）和时间（t）的最小二乘估

计可以得到 I 的波形。接下来的部分将给出试验结果。

　　本节介绍了 B 探针的三种连接模式，把它们分组成 2 到 1 模式和 3 到 1 模式。所有 B 探针的输出波形都是由实际试验结果得到的。2 到 1 模式和 3 到 1 模式的比较如图 3-49 所示。显然，B 探针新的连接模式也是有效的。

　　在文献［94~96］中详细介绍了环形探针的使用，实验结果如图 3-50 所示。电容器的电压全部设置为 6.5 kV。

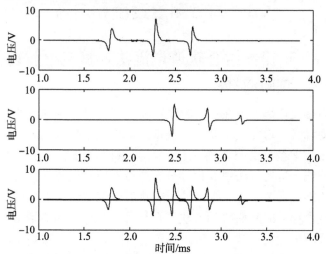

图 3-49　不同连接模式的 B 探针的测量结果对比

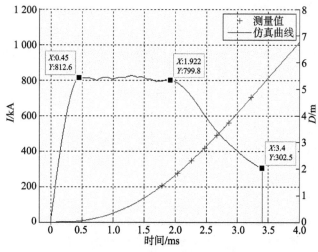

图 3-50　电流波形的最小二乘估计

3.4.4 节介绍了一种新型的轨道炮测速 B 探针结构，该探头由多个独立的环路组成。由于 B 探针的输出波形发生在不同的时刻，所以可以将多个探针连接在一起形成一个新的探针。利用新的 B 探针数据，改进了环形探针电流波形测量方法。引入电枢速度信息，减小了标称电流位置不断变化的影响。通过对电枢运动状态的最小二乘估计，可以得到主轨的电流波形。试验结果表明，低成本测量电流效果良好。

3.5 同时测量速度和电流

3.5.1 B 探针结合轨道电流法计算电枢膛内位移 – 时间曲线

测量电磁轨道炮电枢在膛内的位置和速度对进一步深入研究电磁轨道炮具有重要意义。通常采用 B 探针法得到电枢经过探针的离散位移 – 时间点，并采用数学拟合的方法将位移 – 时间点拟合成电枢在轨道膛内的位移 – 时间曲线。针对该法中 B 探针分布数量有限、纯数学拟合生成的曲线并无实质物理意义等不足，提出了利用轨道电流曲线结合离散位移 – 时间点计算电枢位移 – 时间曲线的方法。在计算过程中可得系数 K，从而计算出与罗氏线圈电流波形基本一致的轨道电流曲线。在一次确定的发射中同时测量轨道电流和电枢通过探针的时刻，后处理中采用上述两种方法拟合出电枢位移 – 时间曲线，并进行对比，发现 B 探针结合轨道电流法所得的位移 – 时间曲线较前者可靠性更高，更具有实质物理意义。

实验平台为一台 10 MJ 级电磁轨道炮。该装置由脉冲电源供应系统、轨道发射器、电枢和控制系统组成。轨道炮长 6 m，电磁轨道炮的内膛是口径为 40 mm 的方孔。轨道由黄铜合金材料加工而成。实验室为轨道炮供给的脉冲电流峰值为 1 MA 左右，电枢质量为几百克，由铝合金材料制作，选用塑料作为配重。

本次实验中采用的 B 探针匝数为 4 匝，面积平均值为 1 cm^2，探针为矩形绕线。B 探针法中，共在两轨道上所确定的中心线上分布 9 个 B 探针，依次距炮尾的距离如图 3 – 51 所示。

1）B 探针法原理及误差分析

（1）B 探针法原理

探针沿轨道直线分布，且其平面与电枢平面平行，与轨道平面垂直，如图 3 – 51 所示。其中 d 为探针之间的距离，L 为探针到炮尾的距离，S 为电枢的运动位移，$2a$ 为两轨道之间的距离，b 为探针中心到轨道平面的垂直距离，r 为探针到电枢的距离。

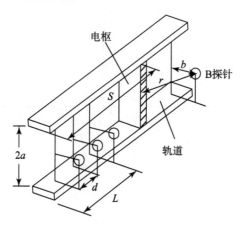

图 3 - 51 B 探针法结构示意图

电流流过电枢时，产生的磁场穿过探针，变化的电流产生变化的磁场，从而在探针中产生变化的磁通量，输出变化的电压信号。

当等效电流的中心恰位于 B 探针正前方时（可近似认为电枢运动到了 B 探针的正前方），探针的输出为零[97]。因此，沿着轨道分布若干探针，即可获得电枢通过各探针的时刻，从而通过数学拟合的方法得到电枢在膛内的位移 – 时间曲线。

由数字示波器记录的第一个 B 探针输出的感应电动势，如图 3 – 52 所示。电枢经过它的时刻为 1.191 ms。通过多个 B 探针可测得电枢通过各探针的时刻，因此 9 个探针测得的时刻如表 3 –2 所示。

表 3 – 2 探针参数

序号	距离/m	时刻/ms
1	0.700	1.191
2	1.200	1.586
3	1.700	1.898
4	2.200	2.184
5	2.700	2.454
6	3.200	2.714
7	3.700	2.970
8	4.200	3.215
9	5.200	3.703

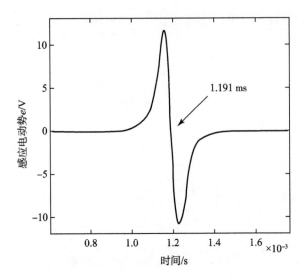

图 3-52   B 探针输出的感应电动势

由于探针间的距离 d 已知，故由 9 个探针可测得一组离散的位移–时间点。运用最小二乘法将其拟合成连续的位移–时间曲线，如图 3-53 所示。

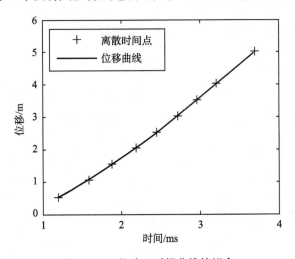

图 3-53   位移–时间曲线的拟合

（2）误差分析

由上述分析可知，所获得位移–时间曲线是利用纯数学拟合的方法通过有限个离散的位移–时间点获得的。但纯数学拟合的方法并不具备实质的物理意义，其拟合原则为使拟合曲线与各点的距离平方和最小。因此在复杂的强电磁场环境下，因个别探针的失效，拟合曲线出现较大误差。所以电枢的实际运动位置和速度很难由有限的位移 - 时间点来勾勒,特别地,当个别 B 探针失效或测量结果出现较大误差时,相邻有效的探针距离增大,因此通过最小二乘法拟合得到的位移 - 时间曲线距真实值有较大误差,数据可靠性不高。

2)B 探针结合轨道电流的方法

针对 B 探针法存在的不足,提出利用 B 探针法所测得的离散位移 - 时间点结合轨道电流曲线拟合出电枢在轨道膛内的位移 - 时间曲线。

测量轨道电流的 B 探针安装在电磁轨道炮炮尾的上轨道的右侧,且探针平面与上轨道平面垂直,与电枢平面平行,如图 3 - 54 所示。

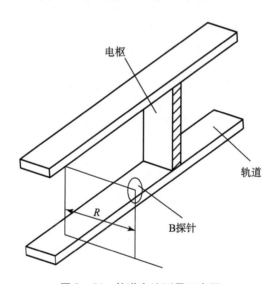

图 3 - 54 轨道电流测量示意图

轨道通电后产生变化的磁场,垂直穿过 B 探针。由轨道电流变化产生的磁场变化,进而在 B 探针内引起的磁通量变化,在探针内产生感应电动势,并由 B 探针后端的高速数据采集器将该波形采集并保存。

由探针直接测得的数据为感应电动势 e,即磁场变化率。感应电动势 e 与磁感应强度 B 的关系为

$$e(t) = \frac{\mathrm{d}\varphi}{\mathrm{d}t} = \frac{\mathrm{d}(NAB)}{\mathrm{d}t} = NA\frac{\mathrm{d}B}{\mathrm{d}t} \tag{3-61}$$

$$B = \frac{1}{NA}\int_{-\infty}^{+\infty} e\mathrm{d}t \tag{3-62}$$

探针直接输出的感应电动势 e 如图 3 - 55 所示,经计算得到的磁感应强度 B 如图 3 - 56 所示。

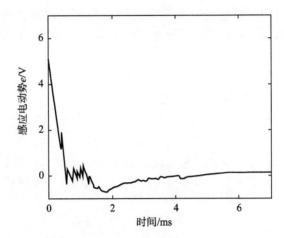

图 3 – 55　感应电动势 e

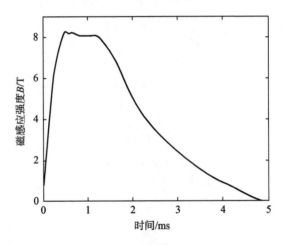

图 3 – 56　磁感应强度 B

磁感应强度 B 与磁场强度 H 的关系为

$$H = \frac{B}{\mu_0} \tag{3-63}$$

式中，μ_0 为真空磁导率，其值为

$$\mu_0 = 4\pi \times 10^{-7} N/A^2 \tag{3-64}$$

磁场强度 H 如图 3 – 57 所示。

磁场强度 H 与电流 $I(t)$ 的关系可近似为

$$H = \frac{I(t)}{2\pi R} \tag{3-65}$$

式中，R 为探针中心到轨道的垂直距离。

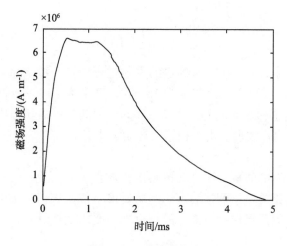

图 3 – 57 磁场强度 H

由于磁场强度 H 与电流 $I(t)$ 的关系存在不确定性，即距离 R 是变化的，令 $K = 2\pi R$，因此系数 K 值未确定，并暂取 $R = 0.04$ m 用于计算，得到电流曲线 $I(t)$ 如图 3 – 58 所示。

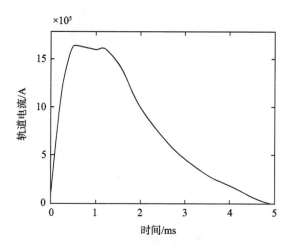

图 3 – 58 轨道电流 I(t)

经过上述推导，可由 B 探针直接输出的原始数据，即感应电动势 e 计算出轨道电流波形，但由于系数 K 未定，而图 3 – 58 仅波形与真实的轨道电流波形相近，但数值存在偏差，还需进一步确定。

3）轨道电流到位移 – 时间曲线的推导

流经轨道的电流 $I(t)$ 等价于流经电枢的电流，因此电枢受力和电流的平方成正比关系：

$$F(t) = \frac{1}{2}L'I^2(t) \qquad (3-66)$$

式中，L' 为电感梯度，在一次确定的发射过程中，一般认为 L' 为常数。参考文献 [98]，可知当轨道宽度为 15 mm，高度为 40 mm，两轨道间距为 30 mm 时，电感梯度 L' 可取 0.526 μH/m。因此，可由轨道电流波形计算出电枢受力 $F(t)$ 波形。由牛顿第二运动定律有

$$F(t) = ma(t) \qquad (3-67)$$

式中，m 为电枢的质量，测试前测得电枢质量为几百克。在一次电磁轨道炮的发射中，铝质电枢磨损后沉积的质量很小，在 0.01 ~ 0.04 g 之间，因此可近似认为其质量保持不变，故可由电枢受力曲线计算出电枢加速度曲线，如图 3 - 59 所示。

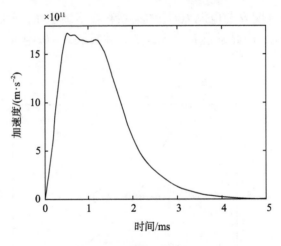

图 3 - 59   电枢加速度 $a(t)$

由于加速度 $a(t)$ 为一随时间变化的量而非常数，因此电枢位移 $S(t)$ 不能使用运动学公式，故电枢速度曲线 $v(t)$ 可表示为

$$v(t) = \int_{t_1}^{t_2} a(t)\,\mathrm{d}t \qquad (3-68)$$

计算可得电枢速度曲线 $v(t)$ 如图 3 - 60 所示。

电枢位移曲线 $S(t)$ 可表示为

$$S(t) = \int_{t_1}^{t_2} v(t)\,\mathrm{d}t \qquad (3-69)$$

因此位移 - 时间曲线可由加速度曲线计算得出，如图 3 - 61 所示。

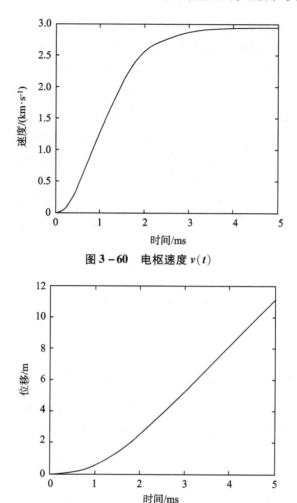

图 3 - 60 电枢速度 $v(t)$

图 3 - 61 电枢位移 - 时间曲线

4）电枢位移 - 时间曲线的拟合

由轨道电流计算出的电枢位移 - 时间曲线，由于 K 的不确定性，所得的位移 - 时间曲线虽然在波形上与真实结果相近，但数值上存在一定偏差。为得到数值上更为精确的位移 - 时间曲线，需将其与 B 探针法测得的离散位移 - 时间点进行拟合。即通过不断修改系数 K，来获得其与各个离散位移 - 时间点平均偏差最小的曲线，从而获得精度和可靠度更高的，更具有物理意义的电枢位移 - 时间曲线。由此过程中所计算出的系数 K，可得到数值上和波形上更加接近真实值的轨道电流曲线。在 B 探针未完全工作条件下，能给出较为合理的电枢位移 - 时间曲线，并同时可快速计算得到轨道总电流波形。

由试验结果可知，当 $R = 0.033\ 1$ m，即 $K = 0.207\ 9$ 时，由轨道电流计算出的电枢位移 – 时间曲线与各个离散位移 – 时间点的平均误差值最小，为 $0.008\ 3$ m。由此可得最终的位移 – 时间曲线如图 3 – 62 所示，其中圆圈为纯数学拟合得到的曲线，十字点为离散位移时间点，点画线为 B 探针结合轨道电流与离散位移 – 时间点拟合得到的曲线。

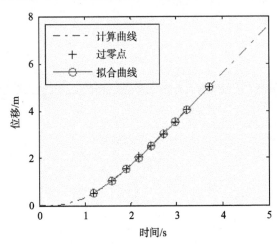

图 3 –62　电枢位移 – 时间曲线

由图 3 – 62 可知，纯数学拟合法得到的曲线不能反映出 1. 191 ms 之前与 3. 703 ms 之后的电枢运动情况，而由 B 探针结合轨道电流法获得的曲线则具有外推性。

5）轨道电流曲线

由以上论述可知，当系数 K 值未定时，求得的轨道电流曲线在数值上存在偏差。系数 K 值确定后，再次计算轨道电流。

将计算得到的轨道电流曲线与由罗氏线圈测得曲线对比，如图 3 – 63 所示，图中虚线为 B 探针在确定 K 系数后计算所得的轨道电流曲线，实线为由罗氏线圈测得的轨道电流曲线。可以发现 B 探针结合轨道电流法计算得到的电流曲线基本与罗氏线圈测得的电流曲线一致。虽然罗氏线圈具有良好的电磁屏蔽性，且在其输出电压后加积分器可得到更加精确的结果，但由第二节可知罗氏线圈的计算要求条件较为苛刻，且电磁轨道炮体积较大，紧凑型结构中，常规的罗氏线圈不易安装，因此采用 B 探针结合轨道电流法得到的轨道电流曲线更加快捷方便，精度和可靠性较高。

6）试验验证

（1）对位移 – 时间曲线的验证

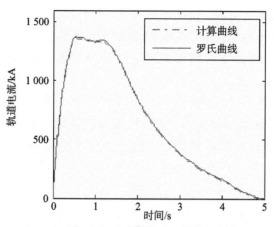

图 3 - 63　两种方法所得电流曲线的对比

在运用 B 探针法时，不可避免地会有个别探针失效或测量结果有较大误差。为验证两种方法的优劣性，提出三个假设：

假设 1：第 4 个与第 5 个探针的测量结果有异常，因此在两方法的数据处理中均将与其相对应的离散位移 - 时间点去除，并在后期将该数据点用于检验两方法的精确性。

B 探针法和 B 探针结合轨道电流法去掉第 4 个与第 5 个数据点后，计算所得的位移 - 时间曲线，在第 4 个与第 5 个点处的局部放大图如图 3 - 64所示，其中点画线为 B 探针结合轨道电流法所得曲线，实线为纯数学拟合所得曲线，十字点为第 4 个和第 5 个离散位移 - 时间点，其是校验两曲线的标准。

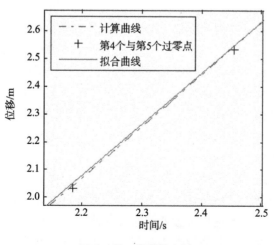

图 3 - 64　局部放大图

由图 3 - 64 可以发现，第 4 个与第 5 个位移 - 时间点距离计算曲线较近，因此当第 4 个与第 5 个点失效或测量结果误差较大时，纯数学拟合得到的曲线较之 B 探针结合轨道电流拟合离散时间点得到的曲线有一定误差。

假设 2：在极其恶劣的条件下，探针大部分失效，假设仅有第 1 个、第 5 个和第 9 个探针测量结果正常，因此在两方法的数据处理中均只使用这 3 个数据点，由此得到图 3 - 65。图中圈画线为纯数学拟合的曲线，虚线为 B 探针结合轨道电流法得到的曲线，十字点为校验两曲线的数据点。

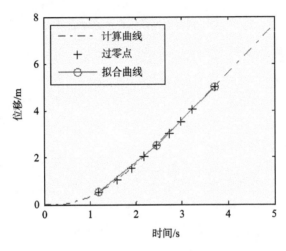

图 3 - 65 仅 3 个数据点得到的曲线

由图 3 - 65 可知，纯数学拟合得到的曲线在发射的初始阶段处存在较大误差，在第 6 个、第 7 个、第 8 个数据点处也存在一定误差。由假设 1和假设 2 可知，B 探针法所采用的纯数学拟合在有数据点丢失时，拟合得到的曲线与实际测得的离散位移 - 时间点间存在较大误差，而 B 探针结合轨道电流法在数据点存在丢失的情况下较之纯数学拟合的方法更接近离散位移 - 时间点，且所得曲线具有实际物理意义。因此 B 探针结合轨道电流法在数据点丢失处具有内推的作用。

假设 3：在实际的试验测试中，接近炮口的 B 探针较易出现问题，因为此时已处于下降沿，由于速度、电流和压力等因素，电枢易发生转捩和刨削等典型损伤，而出炮口位置处的速度和位移 - 时刻信息对电磁轨道炮的研究又非常重要，因此假设处于炮口的第 8 个、第 9 个探针失效。与假设 1 和假设 2 的处理方法一样，得到的曲线如图 3 - 66 所示，图中线型表示与图 3 - 65 一致。

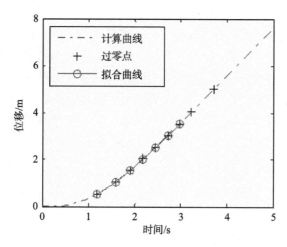

图 3 - 66　炮口探针失效时得到的曲线

由图 3 - 66 可知，接近炮口的探针失效时，采用纯数学方法无法拟合出接近炮口段电枢的位移 - 时间曲线，从而获得较为准确的电枢出炮口速度。而 B 探针结合轨道电流拟合得到的曲线，由于测量轨道电流的 B 探针测量的是整个发射过程中轨道的电流变化，因此由其拟合出的曲线不会受到个别测量电枢位移 - 时间点的 B 探针失效的影响。即在炮口探针失效的情况下，其仍能较准确地得到电枢在炮口段的位移 - 时间曲线，因此该方法得到的曲线具有外推性。

（2）电枢速度

B 探针结合轨道电流法在算得 K 系数后，即可获得较为精确的电枢速度曲线，将其与由 B 探针法得到的速度曲线进行对比，如图 3 - 67 所示。图中圈画线表示后者，实线表示前者。由图 3 - 67 可知，两速度曲线在 1.191 ~ 3.700 ms 以外的时间段偏差较大，其原因为 B 探针法所得速度曲线所依据的数据仅为 9 个离散位移 - 时间点，而拟合的准则是使拟合出来的曲线与原数据点间的平方和最小，因此拟合出来的曲线接近数据点，但在数据点之间所得的值仅依赖于数据点，并没有实质物理意义。由于 B 探针分布数量有限，因此数据拟合在两探针之间会与实际值间有较大误差，由其求导得到的速度曲线则误差更大。而 B 探针结合轨道电流法中测量轨道电流的探针为全程采集，由其计算而来的速度曲线具有较高的可靠性。因此 B 探针法得到的电枢速度曲线在 1.191 ~ 3.700 ms 内不能较准确地反映电枢速度，在 1.191 ~ 3.700 ms 以外区间不能反映电枢速度。电枢在

3.700 ms 以后处于易发生转捩和刨削等典型损伤的阶段，因此该阶段的电枢速度对研究转捩和刨削等现象极为重要，显然 B 探针法不能提供有效数据。

通过 B 探针结合轨道电流法计算电枢膛内位移 – 时间曲线的试验测试与分析验证，并与 B 探针法进行对比，得出的结论和结果如下：

①B 探针结合轨道电流法计算得到的电枢膛内位移 – 时间曲线较 B 探针法所测得的电枢位移 – 时间曲线更具实质物理意义。

②B 探针结合轨道电流法得到的曲线在个别失效探针处，具有数据向内推导作用；在 1.191 ~ 3.700 ms 以外的时间内，具有数据向外推导作用，且精确度较高。

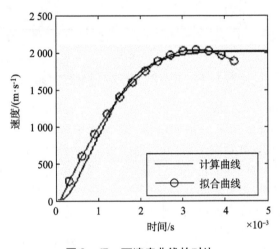

图 3 – 67　两速度曲线的对比

③由拟合位移 – 时间曲线求导得到的速度曲线在 1.191 ~ 3.700 ms 以内不能较准确反映电枢速度，在 1.191 ~ 3.700 ms 以外不能反映电枢速度情况。由 B 探针结合轨道电流法得到的速度曲线可较准确地反映整个发射过程电枢的速度情况。

④B 探针结合轨道电流法计算得到的轨道电流曲线与罗氏线圈测得的轨道电流曲线基本一致，运用该方法测量轨道电流较罗氏线圈在制作工艺、安装方式更为简单、快捷，测试成本更加低廉。

3.5.2　分布电流和电感梯度的影响

由于电磁发射过程中的电流是瞬态电流，导轨与探头之间的电感梯度和电流路线到探头的等效距离会发生变化，讨论了影响组合方法测量效果的两个参数。试验数据表明,改进后的组合方法更加可靠和适用。

为简化计算模块,进行了瞬态电流作用下的电流分布仿真试验。根据数值试验结果,计算了电感梯度和轨距。给出了两种计算变电感梯度的方法。一种是基于数值计算,另一种是基于 B 探针的测量结果。将 B 探针放置在电磁轨道发射装置上测量了发射试验过程中的数据,验证了试验结果。

1)计算原理

为了得到更精确的电枢位移 – 时间曲线,将 B 探针的离散位移 – 时间点与轨道电流曲线相结合。具体的求解流程如图 3 – 68 所示。

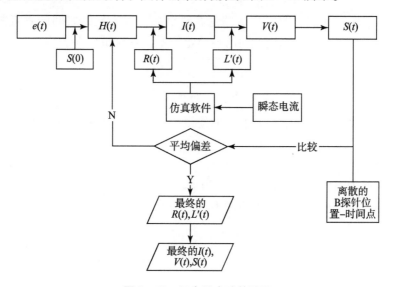

图 3 – 68   组合拟合法的流程

$S(0)$ 表示电枢的初始位置;$R(t)$ 表示 B 探针的中心(测量轨道电流)和上轨道之间的垂直距离;$L'(t)$ 表示电感梯度。

(1)理论和推导

被用来测量电枢经过时刻的探头平行于轨道且垂直于电枢,预先设定了各个探头之间的距离。电枢的分散位移 – 时间点可由表 3 – 1 所示的 B 探针获得。通过安装在尾部的另外的 B 探针测量感应电动势,该探针所在平面应垂直于 A 平面和 B 平面(见图 3 – 51),其放置方法与测量位移 – 时间点的探针不同。

根据高速数据采集系统采集的感应电动势,利用感应电动势数据得到磁感应波形。感应电动势($e(t)$)与磁感应强度(B)的关系是

$$e(t) = \frac{\mathrm{d}\varphi}{\mathrm{d}t} = \frac{\mathrm{d}(NAB)}{\mathrm{d}t} = NA\frac{\mathrm{d}B}{\mathrm{d}t} \tag{3-70}$$

$$B = \frac{1}{NA}\int_{-\infty}^{+\infty} e\,\mathrm{d}t \tag{3-71}$$

磁感应强度与磁场强度的关系是

$$H = \frac{B}{\mu_0} \tag{3-72}$$

式中，μ_0 为真空磁导率。磁场强度和轨道电流之间的关系可以描述为

$$H = \frac{I(t)}{2\pi R} \tag{3-73}$$

式中，R 表示 B 探针的中心（测量轨道电流）和上轨道之间的垂直距离。由于轨道电流与磁场强度之间的不确定关系，垂直距离 R 会发生变化。由轨道电流产生的电磁力（$F(t)$）的计算公式为

$$F(t) = \frac{1}{2}L'I^2(t) \tag{3-74}$$

式中，L' 表示电感梯度，电枢的加速度（$a(t)$）用牛顿第二定律可以求出，公式为

$$F(t) = ma(t) \tag{3-75}$$

式中，m 为电枢的质量，其值为 300 g。

因此，电枢的速度可以描述为

$$v(t) = \int_{t_1}^{t_2} a(t)\,\mathrm{d}t \tag{3-76}$$

电枢的位移可以表示为

$$S(t) = \int_{t_1}^{t_2} v(t)\,\mathrm{d}t \tag{3-77}$$

最后，通过推导得到电枢的位移-时间曲线。可以基于 B 探针的测量结果用拟合的方法确定参数。

（2）$R(t)$ 和 $L'(t)$ 的计算

如果以 R 和 L' 为常数，当轨道横截面长 40 mm、宽 15 mm，两轨间距为 30 mm 时，电感梯度为 0.526 μH/m。实际上，R、L' 的值在发射过程中是变化的。为了得到 $R(t)$ 和 $L'(t)$，用数值分析软件 Maxwell 模拟了轨道的电流分布。我们用 Maxwell 根据文献［99］建立的轨道简化模型如图 3-69 所示（XY 截平面）。

区域"1"和"2"是两条轨道的截面。轨道高 40 mm、宽15 mm，钢轨间距为 30 mm，轨道材质为铜。区域"3"表示球形边界，它是真空的。选择瞬态求解器，设置轨道电流值和网格数。由于轨道电流事先未知，采

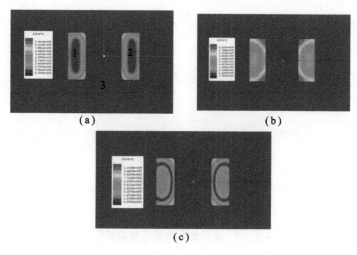

图 3-69　不同时刻轨道的简化模型（*XY* 平面）

(a) 0.46 ms；(b) 1.19 ms；(c) 4.6 ms

用基于常数"*R*"和"*L*"的组合法计算出的电流，通过仿真计算得到 $R(t)$ 和 $L'(t)$。由常数"*R*"和"*L*"计算得到的瞬态电流如图 3-70 所示，$R(t)$ 的趋势曲线如图 3-71 所示。由罗氏线圈测量的实际电流波形与图 3-70 相似，其幅值达到 900 kA。

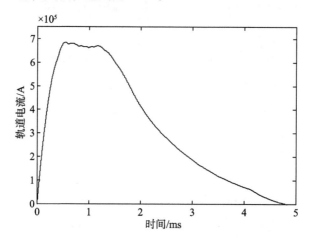

图 3-70　用常数"*R*"和"*L*"计算的暂态电流曲线

有两种方法可以计算 L' 的值。第一种方法是仿真，基于以上建立的模型，Maxwell 可以计算能量分布，由此可以得到单位长度上的 L 值，其计算公式为

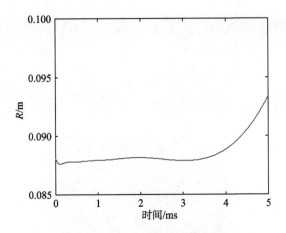

图 3 - 71 *R* 的趋势曲线及其相对值

$$E(t) = \frac{1}{2}LI^2(t) \tag{3-78}$$

根据获得的 *L* 值和表 3 - 2 中所示的 9 个探针的位置，可以得到每个测量点的 *L* 值。两个位置之间的距离是已知的。根据公式

$$L'_n = \frac{L_n - L_{n-1}}{S_n - S_{n-1}} \tag{3-79}$$

分别计算 9 个点处的 *L'* 值，并使用样条插值得到 *L'* 的曲线，如图 3 - 72 所示。

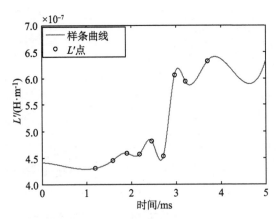

图 3 - 72 模拟得到的 *L'* 插值曲线

第二种方法是利用 9 个离散的位移 - 时间点和电流曲线进行反推。基于方程 (3 - 74)、方程 (3 - 76) 和方程 (3 - 77)，得到 *L'* 与这两个条件的关系为

$$L' = \frac{X_n - X_{n-1}}{\int_0^n \int_0^n I(t)\,\mathrm{d}t\mathrm{d}t - \int_0^{n-1} \int_0^{n-1} I(t)\,\mathrm{d}t\mathrm{d}t} \qquad (3-80)$$

用这种方法，在 9 个点上计算 L' 的值，并使用样条插值得到 L' 的曲线，如图 3-73 所示。

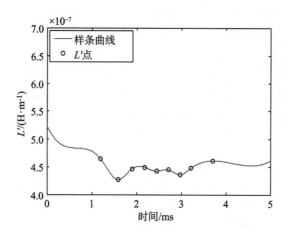

图 3-73　基于 9 个点计算得到的 L' 插值曲线

但是，模拟得到的 L' 值在最大值与最小值之间有超过 20% 的差别。

（3）结果和分析

由探头收集的感应电动势输出波形如图 3-74 所示。

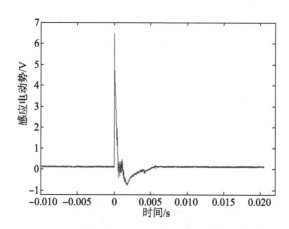

图 3-74　感应电动势

根据方程（3-70）和方程（3-73），可以得到图3-75所示的磁感应强度（B）。

由于只用$R(t)$的趋势值代替其精确值，所以得到的位移-时间曲线与实际结果近似。在这种情况下，需要搜索一个使位移-时间曲线和所有能够实际测得的位移-时间点之间偏差最小的系数。通过调整R值，使$R(t)$更精确且位移-时间曲线更具物理意义和可靠性。此外，在调整后，在某些B探针失效情况下，也可以根据$R(t)$计算出更合理的位移-时间曲线。

如图3-68所示，$S(0)$表示电枢的初始位置，它是未知的。因此，在改变"R"值的同时，调整$S(0)$的值可以使位移-时间曲线与所有实际测得的位移-时间点之间的偏差最小。因此，改进的组合法也能够实现对位移-时间曲线的初始位置的精确测量。

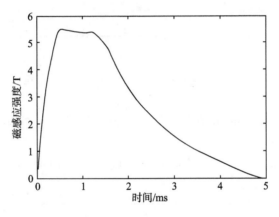

图3-75　磁感应强度

2）试验验证

（1）位移和速度的比较

采用分段线性插值法和三次样条插值法可以得到基于B探针测量结果的位移-时间曲线。为了讨论R和L'的影响，给出了当R和L'为常数时得到的位移-时间曲线。

每种方法都有自己的最佳初始位置以使偏差最小。每种方法的位移-时间点与拟合得到的位移-时间曲线之间的偏差都显示在表3-3中，因为是通过插值法由位移-时间测量点得到插值曲线和样条曲线，所以误差为零。

表 3 – 3   在不同测量点处的偏差值   mm

方法 \ 测量点序号	1	2	3	4	5	6	7	8	9
cal L'	22.5	6	7	4	4	7	9	7	57
simu L'	11.7	7	11	8	6	7	4	15	27
constant	0.1	7	2	2	0	6	10	19	62

注：cal L' 是绘法所得；simu L' 是数值仿真法所得；constant 是常数条件下计算所得。

不同 R、L' 的组合法得到的曲线有明显差异。由常数 R 和 L' 计算的曲线的偏差最小，但其得到的速度也远小于基于离散位移 – 时间点计算得到的平均速度。

由数值仿真得到的 L' 算出的速度更接近实际平均速度。

（2）位移 – 时间曲线的验证

为了验证插值方法和组合法的优缺点，我们做出以下几种假设（实际上所有的探针在真正的测试试验中都工作良好）。

假设 1：在极端恶劣的测量环境中，第 1 个和第 2 个探针失效。在这种情况下，用假设失效的位移 – 时间点验证用不同方法所得曲线的精确度。

在忽略第 1 点和第 2 点之后重新计算的结果中，包含两个失效点的位移 – 时间曲线如图 3 – 76 所示。与其他位移 – 时间曲线相比，"interp1"曲线有明显的偏差。而且，"spline"曲线在 0.2 ms 附近的值小于零，这在现实中是不可能的。

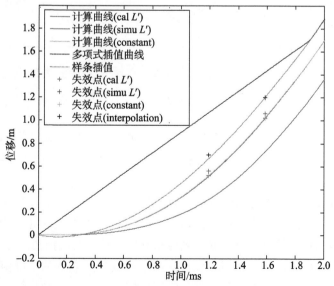

图 3 – 76   假设第 1 点和第 2 点失效时的位移 – 时间曲线

假设失效点处的实际测量值与重新计算的位移 – 时间曲线之间的偏差如表 3 – 4 所示。

表 3 – 4　失效点处的偏差值　　　　mm

点序号	计算曲线（cal L'）	计算曲线（simu L'）	计算曲线（constant）	多项式插值曲线	样条插值曲线
1	249.2	9.3	0.1	367	34.5
2	333.4	2	7	221	0.2

经试验知，如果第 1 点和第 2 点失效，用计算得到的 L' 值得到的速度将在 0 ~ 2.5 ms 时间段内产生很大的波动。由模拟的 L' 值和常数 L' 得到的速度曲线变化不大。

假设 2：第 4 个和第 5 个探针失效。将这两个位移 – 时间点从位移 – 时间曲线中移除。用与上文中相同的方法确定精确度。

重新计算的位移 – 时间曲线与在两个失效点处的实际测量值之间的偏差如表 3 – 5 所示。从表 3 – 4 中可知，由常数 R 和 L' 得到的位移 – 时间曲线精确度是最高的。

表 3 – 5　失效点处的偏差值　　　　mm

点序号	计算曲线（cal L'）	计算曲线（simu L'）	计算曲线（constant）	多项式插值曲线	样条插值曲线
4	15	8	2	26	4
5	18	6	0	22	4

通过比较，三次样条差值求得的速度曲线在假设的失效点处比组合法求得的速度曲线高，误差大。当电枢通过两个假设的失效点时，也很难获得电枢的速度。

假设 3：在炮口周围，电枢容易受到转捩和刨削等典型损伤，在这种情况下，假设第 8 个和第 9 个探针失效。数据处理方法与上述两个假设是一致的。

插值法不能反映炮口附近的位移 – 时间曲线段，不能计算出炮口附近电枢的速度。但组合法计算的位移 – 时间曲线不受失效探针的影响。当炮口附近的探头失效时，也能够得到较精确的位移 – 时间曲线。

重新计算的位移 – 时间曲线与在两个假设失效点处的实际测量值之间的偏差如表 3 – 6 所示。

表 3 – 6 失效点处的偏差值   m

点序号	计算曲线 （cal L'）	计算曲线 （simu L'）	计算曲线 （constant）	多项式 插值曲线	样条 插值曲线
8	2	15	29	NaN	24
9	23	27	62	NaN	117

显然，如果炮口附近的探头失效，仅用插值方法无法得到准确的速度，这样得到的速度值存在较大的误差。从图 3 – 76 中得知，由组合方法得到的速度值更加可靠。此外，模拟得到的速度曲线更接近实际平均速度，但在第 8 个、第 9 个测量点没有交叉，表明电枢发生了槽蚀等损伤现象。

（3）新的发射数据和比较

为了进一步验证改进方法的有效性，计算一组新的发射数据。电枢的位移 – 时间离散点如表 3 – 7 所示，B 探针放置的位置相同，发射所用的电枢质量也相同。

表 3 – 7 从 B 探针到尾部的特征距离

序号	B 探针到尾部的距离/m	时刻/ms
1	0.700	1.173
2	1.200	1.564
3	1.700	1.872
4	2.200	2.158
5	2.700	2.420
6	3.200	2.676
7	3.700	2.928
8	4.200	3.170
9	5.200	3.649

根据上述理论和计算，可以计算出位移 – 时间曲线、速度曲线和各点的偏差值，如表 3 – 8 所示。

表 3 – 8 测量点处的偏差值   mm

点序号	1	2	3	4	5	6	7	8	9
计算曲线（cal L'）	2.9	1	6	4	0	3	9	6	2
计算曲线（simu L'）	2.1	2	3	7	3	4	9	2	7
计算曲线（constant）	7.6	2	1	10	4	3	3	9	22

从表 3-8 中可以看出，从计算得到的 L' 和模拟得到的 L' 的偏差小于常数。证明改进后的组合方法对于新数据仍然有效。基于这两个发射数据的计算，改进后的组合方法也适用于对其他发射过程的计算。

3）结论

对插值法与组合法的位移-时间曲线和速度曲线进行了试验验证，得出以下结论：

①组合法不需要预先知道主电流的幅值。该方法可以同时给出整个发射过程的电枢速度、位移和主电流波形。组合法得到的位移-时间曲线比 B 探针插值法得到的位移-时间曲线更具物理意义。另外，该测量装置成本低，使用方便。试验结果表明，该方法非常适合于电磁轨道炮系统的速度和电流测量。

②与计算 $L'(t)$ 的组合方法相比，模拟 $L'(t)$ 的组合方法无论在对位移还是对速度的测量上都具有更高的精度。

③由常数 R 和 L' 得到的位移-时间曲线与由计算 L' 和模拟 L' 得到的曲线相比偏差最小，但 R 和 L' 的值随着电流的变化而变化。由 $R(t)$ 和 $L'(t)$ 得到的速度曲线与由常数计算的速度曲线相比，更接近于用 B 探针测得的平均速度。

④组合方法仍存在不足。随着电流模式的不同，距离 R 和电感梯度 L' 发生变化。我们将进一步研究它们之间的关系以及轨电流变化时对 R 和 L' 的影响，以改进组合方法。

3.5.3　电枢初始位置的估计

本部分内容介绍一种以电磁轨道发射系统的发射电流和电枢速度以及电枢起始位置为测量对象的测量方法。测量装置包括以下几个部件：一个测电流的 B 探针、几个测速度的 B 探针、数据采集系统和计算机。我们将其与另一种商业罗氏线圈进行对比来完成校准试验。测得的电枢瞬时连续速度曲线具有外推特征，具有明确的物理意义。同时，该方法还可以给出瞬态电流和电枢的初始位置。试验结果表明，该方法可以同时得到瞬态电流波形、电枢瞬时连续速度波形和初始位置数据。

1）背景介绍

自 20 世纪 80 年代以来，人们对电磁发射系统的研究逐渐兴起。电磁发射系统使用电磁能来加速和发射物体到高速状态，例如到达每秒几公里。脉冲电源提供的脉冲电流流入金属导轨，然后在导轨周围产生强磁场。强大的洛伦兹力将金属电枢加速到高速。利用电磁能加速物体在运

输、通信、国防和太空发射技术方面具有优势[100~102]。电磁发射系统非常
复杂，目前技术方面并不完善，仍有许多问题需要解决，例如电源和金属
导轨的寿命。为了改进系统，我们必须测量大量的数据，如轨道的总电流
波形、电枢的瞬时速度。通过分析数据，不断提高发射系统的稳定性和性
能。因此，数据测量对于改进发射系统非常重要。准确的测量是一项具有
挑战性的任务，因为无法直接测量瞬时速度和电流，这意味着必须通过测
量相关量（如磁场或磁通量）来重建测量数据。电磁测量一直是一个热门
的研究课题。国内外学者对此已经做了很多相关研究[103]。文献［104］开
发了一种基于数字测量技术的纳秒级瞬态电场（E – field）测量的一维标
准检测器。文献［105］描述了传感器结构对电场测量精度的影响，其采
用有限差分时域（FDTD）方法进行研究。文献［106］介绍了测量600 V
亚纳秒变化条件下 GaN 晶体管需要 1 GHz 测量带宽。文献［107］描述了
在海军水面作战中心的电磁发射设施中使用的 W 波段多普勒雷达系统。

书中电流和瞬时速度测量试验是在 10 MJ 的电磁轨道发射器上完成
的[102]，导轨长 6 m，脉冲电流可达 1 MA。但是试验只使用了所有脉冲电
源的一部分，因此脉冲电流小于 1 MA。电枢由铝合金制成，质量约为
300 g。试验发射器由脉冲电源系统、两个导轨、电枢和控制系统组成。

在发射过程中，测量数据是探头的电压。电流测量探头产生具有电磁
变化的感应电压。同时，电压信号由数据采集设备记录。通过处理电压信
号获得电流曲线。触发 8 个速度测量探头时记录 8 个时间点。根据电流产
生的 8 个时间点数据和洛伦兹力计算拟合瞬时速度曲线。另外，我们引入
并研究了初始位置。引入初始位置不仅可以改善数据处理方法的适应性，
还可以提高数据的准确性。现有的测量方法可以测量平均速度和低精度的
当前数据。获得了重要数据，如瞬时速度曲线和电流曲线。另外通过处理
方法介绍和分析了电枢初始位置。

2）数据测量装置

数据测量系统由四部分组成：B 探针、同轴电缆、数据采集设备和计
算机如图 3 – 77 所示。其工作原理如图 3 – 78 所示。随着电枢的启动，轨
道周围产生强大的瞬态磁场。同时，不同位置的探头产生感应电动势。共
有 8 个 B 探针测量速度，1 个 B 探针测量电流。8 个速度测量 B 探针安装
在导轨上。速度测量 B 探头安装位置如图 3 – 79 所示，速度测量 B 探头如
图 3 – 80 所示。电流测量 B 探头如图 3 – 81 所示。圆形线圈的直径为
5 mm，总共为 2 圈。两个方形线圈长度分别为 5 mm 和 9 mm。B 探针的电
压信号通过同轴电缆传输到数据采集设备。

（1）B 探针

B 探针是标准探针。通过理论计算和试验可以知道 B 探针的输入和输出特性。根据文献［108］，B 探针可以测量一系列频率内的脉冲磁场。基于法拉第定律测量快速电流脉冲的廉价且简单的电感探头显示出良好的结果[109]。一些新型传感器用于测量电磁场[110]，但 B 探针具有成本低、安装方便、精度高的优点。

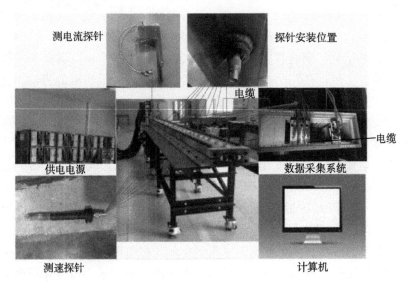

图 3-77　电磁轨道发射器

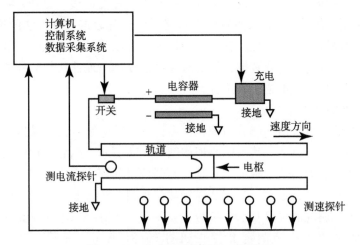

图 3-78　电磁轨道发射器工作原理

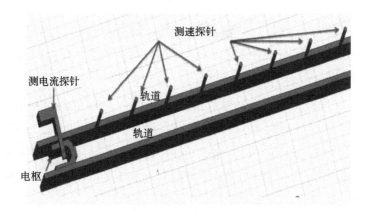

图 3 –79　速度测量 B 探针安装位置

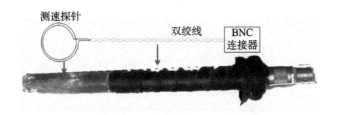

图 3 –80　速度测量 B 探头

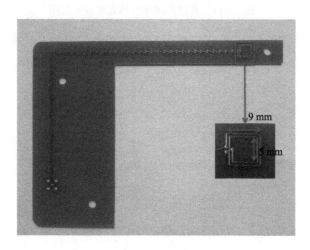

图 3 –81　电流测量 B 探头

　　探头连接到同轴电缆。B 探针电尺寸小，结构平衡且不对称。根据法拉第电磁感应定律，B 探针开路输出电压为

$$V_i = \frac{d\psi}{dt} = \frac{d(NA\mu_0\mu_r H)}{dt} \tag{3-81}$$

式中，ψ 为通过 B 探针的磁链；A 为 B 探针的截面积；H 为磁场强度。开路输出电压为

$$V_i = NA\mu_0\mu_r \frac{d(H(t))}{dt} + N\mu_0\mu_r H \frac{d(A(t))}{dt} + N\mu_0 AH \frac{d(\mu_r(t))}{dt} \tag{3-82}$$

探头有两种工作模式：开路电压输出模式和短路电流输出模式。通过使用探头输入和输出之间的关系，可以通过探头的输出电压计算测量的磁场。试验中，B 探针的工作方式是开路电压输出模式。

开路电压输出模式意味着探头保持不变，并直接输出信号。假设线圈不包含核心和非线性铁磁材料。线圈参数的特性是确定的，等效电路如图 3-82 所示。

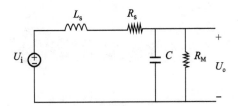

图 3-82　开路电压输出模式等效电路图

图 3-82 中，U_i 是 B 探针的感应电动势；L_s 是 B 探针的自感；R_s 是内阻；C 是等效寄生电容；U_o 是输出电压；R_M 是端口阻抗，约为 1 MΩ。在某个频率下：

$$U_o = U_i \frac{\frac{R_M + j\omega C}{j\omega C \times R_M}}{\frac{R_M + j\omega C}{j\omega C \times R_M} + j\omega L_s + R_s} = \frac{U_i}{1 + \frac{(j\omega L_s + R_s) \times j\omega C \times R_M}{R_M + j\omega C}} \tag{3-83}$$

感应电动势与测量磁场之间的关系是

$$U_i = j\omega B \cdot A \tag{3-84}$$

由于磁场频率低于 30 MHz，在低频状态下，寄生电容阻抗远高于端口阻抗。探头的寄生电容可以忽略不计，等效电路如图 3-83 所示。

频率低时，输出电压为

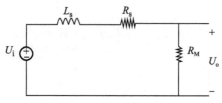

图 3 - 83 低频等效电路

$$U_o = \frac{j\omega B \cdot A \cdot N}{\frac{j\omega L_s + R_s}{R_M} + 1}$$ (3 - 85)

频率 ω 较低，因此电感 L_s 和线圈电阻 R_s 较小，分母接近 1。

$$U_o = j\omega B \cdot A \cdot N$$ (3 - 86)

根据分析，输出电压幅度和感应电动势幅度之间的误差很小，因此可以忽略不计。也就是说，在低频率下，感应电动势可以被认为是测量的输出电压。

（2）电缆

探头的输出电压信号通过电缆送入数据采集设备。同轴电缆中有分布的电感和电容。在类似的测量系统中，电缆的衰减特性已经过测量。30 m 电缆在 30 MHz 内用于文献［111］，衰减约为 - 2 dB。需要 12 m SYV - 50 - 3 同轴射频电缆。SYV - 50 - 3 同轴射频电缆符合 GB/T 14864—1993 标准，要求在 20 ℃时 200 MHz 信号衰减不大于 0.240 dB/m。因此，在这种情况下，12 m SYV - 50 - 3 同轴电缆的衰减不大于 2.88 dB。考虑到测试信号频率不高于 30 MHz，同轴电缆衰减非常小。

（3）数据采集设备

B 探针通过电缆连接到数据采集设备。随着磁场的变化，B 探头产生感应电压信号，记录在数据采集装置中。根据奈奎斯特 - 香农采样定理[112]，采用适当的采集采样率进行试验。

测量的信号是时域中的瞬态信号。为了记录瞬态信号，数据采集设备需要具有足够的存储深度。数据采集设备的存储深度必须达到 1 M。存储深度和实时采样率是相互制约的。鉴于测量的信号频率范围，我们使用 DLM2054 的商用示波器进行数据采集。

3）系统校准

新的校准测量系统使用罗氏线圈测量电流。罗氏线圈广泛用于测量高交流电流、瞬态电流和脉冲电流。罗氏线圈测量电流方法早有研究并不断改进[113]。罗氏线圈测量的电流被认为是标准电流。

通过 B 探针测量的电流和罗氏线圈测量的电流进行比较和分析，电流结果如图 3 - 84 所示。试验使用的罗氏线圈如图 3 - 85 所示。

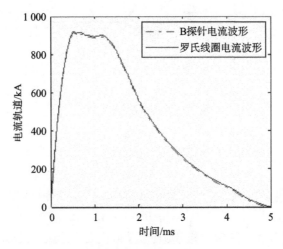

图 3 - 84　电流对比

我们比较了罗氏线圈的标准电流和 B 探针电流。通过复杂的校准测试，B 探针测量的电流可以视为标准电流。也就是说，整个测量试验系统可用于测量电流。在复杂的电磁环境中，引入的测量设备可用于测量电流。

图 3 - 85　商业罗氏线圈

4）轨道电流和电枢瞬时速度以及电枢初始位置

用 B 探针测量由瞬态电流产生的磁场，它可以有效地解决脉冲电流测量问题，并为实际工程提供强有力的支持。

（1）轨道总电流测量

目前已有一些用于电流测量的方法，其描述了用于动态测量电磁轨道发射器双刷电枢中的电流分布的试验装置。方法的有效性已得到验证，但实际工程应用需要进一步研究[114]。文献［115］使用小型 25 mm 电磁发射器进行了测试，他们设计和制造了一个较大的中口径发射器，并描述了电流测量的方法，测量轨道电流的 B 探针法是一种成熟的方法。探针安装在后膛上以测量电流，如图 3 - 86 所示。电流探头感应电压如图 3 - 87 所示。

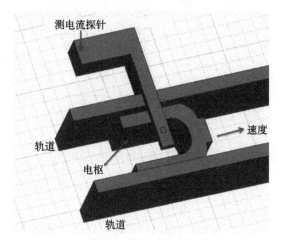

图 3 - 86　探针位置示意图

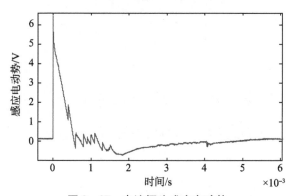

图 3 - 87　电流探头感应电动势

感应电动势 $e(t)$ 与磁感应强度 $B(t)$ 之间的关系为

$$e(t) = \frac{\mathrm{d}\varphi}{\mathrm{d}t} = \frac{\mathrm{d}(NAB)}{\mathrm{d}t} = NA\frac{\mathrm{d}B}{\mathrm{d}t} \qquad (3-87)$$

$$B = \frac{1}{NA}\int_{-\infty}^{+\infty} e\mathrm{d}t \qquad (3-88)$$

根据等式 (3 - 87) 和等式 (3 - 88)，$e(t)$ 和 $B(t)$ 之间的关系，$e(t)$ 可以通过探针测量。接下来，需要找到 $e(t)$ 和 $I(t)$ 之间的关系。

根据文献 [116]，我们得到了简化的电磁发射系统模型和探测模型。根据模型的电流 $I(t)$，计算出 $B(t)$。探头与线电流之间的垂直距离为 S，探头与线电流之间的水平距离为 R_{m}。电枢的初始位置是 K_{m}。X 方向的视图如图 3-88 所示，结构的角度以 α_{n1}、α_{n2}、α_{m1} 和 α_{m2} 表示。Y 方向的视图如图 3-89 所示，轨道宽度为 15 mm，高度为 40 mm。

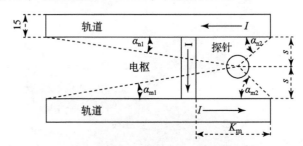

图 3-88　轨道和探头二维图

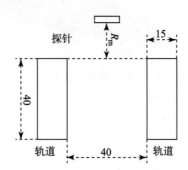

图 3-89　探头和导轨之间的距离（R_m）

磁场 $B(t)$ 和线电流 $I(t)$ 之间的关系如式（3-89）和式（3-90）所示。轨道线电流产生磁场 B_n 和 B_m，$\mu_0 = 4\pi \times 10^{-7}$ N/A^2 是真空磁导率。

$$B_n = \frac{\mu_0 I}{4\pi \sqrt{s^2 + R_m^2}}(\sin\alpha_{n1} - \sin\alpha_{n2}) \tag{3-89}$$

$$B_m = \frac{\mu_0 I}{4\pi \sqrt{s^2 + R_m^2}}(\sin\alpha_{m1} - \sin\alpha_{m2}) \tag{3-90}$$

电枢的线电流产生磁场 B_a：

$$B_a = \frac{\mu_0 I}{4\pi \sqrt{K_m^2 + R_m^2}}(\sin\alpha_{a1} - \sin\alpha_{a2}) \tag{3-91}$$

B_a 比 B_n 和 B_m 要小得多。由 B 探针测量的磁场表示为

$$B = B_m + B_n + B_a = B_m + B_n \tag{3-92}$$

根据式（3-87）、式（3-88）和式（3-92），$I(t)$ 和 $e(t)$ 之间的关系是已知的，因此可以获得总电流。使用该方法测量的电流波形如图 3-90 所示。

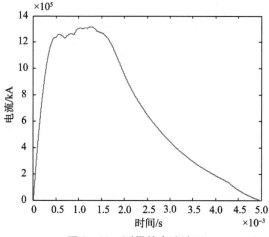

图 3-90 测得的电流波形

（2）电枢的瞬时速度测量

轨道长 6 m；8 个速度测量探头用于测量速度数据；探针位于 0.700 m，1.200 m，1.700 m，2.200 m，2.700 m，3.200 m，4.200 m 和 5.200 m。当电枢通过探头的位置时，探头被触发并记录时间，数据如表 3-9 所示。测速探针的位置如图 3-91 所示。

表 3-9 测速探针位置（拍摄 1#）

序号	距离/m	时间/ms
1	0.700	1.263
2	1.200	1.682
3	1.700	2.008
4	2.200	2.302
5	2.700	2.581
6	3.200	2.849
7	4.200	3.364
8	5.200	3.865

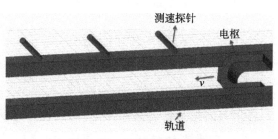

图 3-91 测速探针的位置

8 个测速探针的位置在表 3 - 9 中示出。时间 – 位移点曲线在图 3 - 92 中示出。测速探针的触发感应电动势如图 3 - 93 所示。

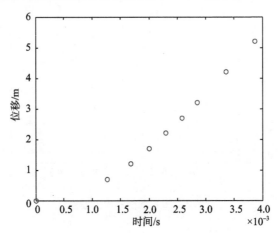

图 3 - 92　时间 – 位移点曲线

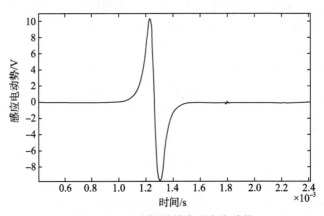

图 3 - 93　速度探针触发感应电动势

当电枢通过探头时记录时间。平均速度曲线根据 8 个离散点计算，通过软件处理获得，如图 3 - 94 所示。

计算电枢的瞬时速度的方法取决于总电流和 8 个离散点。根据公式：

$$F(t) = \frac{1}{2}L'I^2(t) \tag{3-93}$$

$$F(t) = ma(t) \tag{3-94}$$

$$v(t) = \int_{t_1}^{t_2} a(t)\,\mathrm{d}t \tag{3-95}$$

式中，L' 为电磁轨道发射器的电感梯度[117]。设电感梯度是一个常数，值为 0.526 μH/m。瞬时加速度为 $\alpha(t)$。平均和瞬时速度如图 3 - 94 所示。

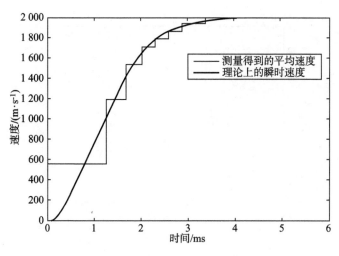

图 3 - 94 平均和瞬时速度（拍摄 1#）

根据图 3 - 94，将平均速度与瞬时速度进行比较。瞬时速度最大值为 2 000 m/s，平均速度最大值为 1 996. 008 m/s，分析表明误差较小。瞬时速度测量不仅取决于当前数据，还取决于 8 个测速探头。瞬时速度具有重要的物理意义，它清楚地描述了电枢的运动状态。瞬时速度曲线具有外延性，它可以随时显示速度。对于枪口周围的电枢速度的研究具有重要意义。数据处理方法具有另一个优点，即使其中一个测量探头出现故障，仍然可以获得理想的瞬时速度曲线，因为在该方法中，瞬时速度曲线不是仅仅取决于 8 个测速探头中的一个。

整个装置用于测量重复发射数据。另一个重复试验的速度探测器位置数据如表 3 - 10 所示。电流曲线和瞬时速度曲线如图 3 - 95 和图 3 - 96 所示。

表 3 - 10 速度探测位置（shot 2#）

序号	距离/m	时间/ms
1	0. 700	1. 173
2	1. 200	1. 564
3	1. 700	1. 872
4	2. 200	2. 158
5	2. 700	2. 420
6	3. 200	2. 676
7	4. 200	3. 170
8	5. 200	3. 649

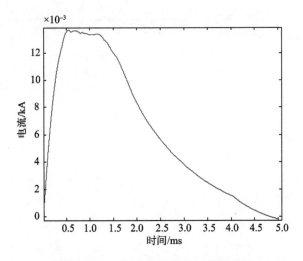

图 3 - 95 测得的电流波形（拍摄 2#）

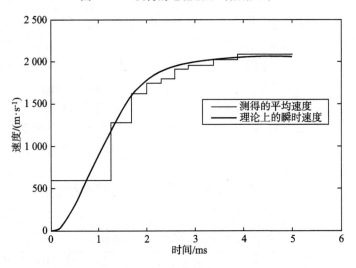

图 3 - 96 平均速度和瞬时速度（拍摄 2#）

（3）电枢的初始位置测量

电枢被压入发射器后，电枢与后膛之间的距离未知。早期的研究忽略了初始位置问题，随着研究的深入，发现电枢的初始位置对电流测量和瞬时速度有影响，但知之甚少。

整个数据处理流程如图 3 - 97 所示。通过处理测量的 $e(t)$ 获得当前和瞬时速度。初始位置值在整个数据处理过程中起着重要作用。

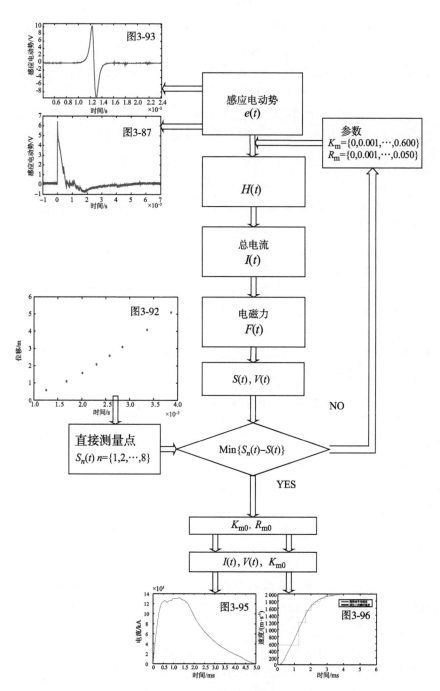

图 3 – 97　数据处理流程

K_m 和 R_m 是计算程序中的待定参数。

根据经验，K_m 和 R_m 被设定在 $0 \sim 0.600$ 和 $0 \sim 0.050$ 之间。如果 K_m 和 R_m 的数值步长为 0.001，则 K_m 和 R_m 可写为等式（3 – 96）和等式（3 – 97）。p 是 K_m 的临时值，p 值为步长。p 是 R_m 的临时值，p 值为步长。

$$K_m,p = \{0,0.001,\cdots,0.001 * p,\cdots,0.600\} \qquad (3-96)$$

$$R_m,p = \{0,0.001,\cdots,0.001 * p,\cdots,0.050\} \qquad (3-97)$$

在不同的 K_m 和 R_m 条件下，计算 8 个计算位移点和实际位移点之间的误差。$S_{n,q}(t)$ 是计算的位移，$S_0(t)$ 探头实际位移：

$$X_q = \sum_{n=1}^{8}\left[S_{n,q}(t) - S_0(t)\right]^2, q = 1,2,\cdots \qquad (3-98)$$

当误差 X_m 最小时，电流曲线和瞬时速度曲线是最佳解决方案。当误差最小时，输出 K_{m0} 和 R_{m0} 的最终最佳结果，如等式（3 – 99）所示。

$$\{K_{m0},R_{m0}\} = \{K_m,R_m\}s.t.Min\{\} \qquad (3-99)$$

首先，通过 B 探针测量感应电动势 $e(t)$，计算总电流 $I(t)$。在不同的 K_m 和 R_m 条件下，基于由电流产生的力计算当前曲线和瞬时速度曲线。将计算的位移曲线与 8 个初始离散点进行比较。调整变量 K_m 和 R_m 并选择最优解。特别是初始位置（K_m）作为变量引入。通过不断调整该变量，所有测量数据将相互制约。表 3 – 11 显示了 5 个发射的初始位置。显然，初始位置对于不同的镜头是不同的。

表 3 – 11　电枢距发射器尾部的初始位置

序号	初始位置/m
1	0.257
2	0.294
3	0.183
4	0.123
5	0.218

数据处理方法考虑了电枢的初始位置。在计算过程中，初始位置不断调整。当 K_m 最优时，瞬时速度和平均速度曲线吻合良好。

5）结论

介绍了电磁发射系统的轨道电流、电枢速度和初始位置的测量方法。测量装置由几个部分组成：当前的 B 探针、几个速度 B 探针、数据采集系统和计算机。所测量的电枢的瞬时连续速度曲线具有外推的特征并且显示出清晰的物理意义。同时，该方法还可以给出主要的瞬态轨道电流和电枢的初始位置。结果表明，该方法可以同时得到轨道瞬态主电流波形、电枢瞬时连续速度波形和初始位置数据。在实际应用中，引入的器件和数据处理方法具有良好的应用前景。处理方法具有另一个优点，即使 8 个速度测量探头中的一个发生故障，这种数据处理方法仍然可以得到理想的瞬时速度曲线，这将有利于电磁发射系统的设计。

3.5.4 人工神经网络预测算法应用

电磁轨道发射器是基于电能发射有效载荷的新型武器发射系统。在轨道发射器研制过程中，需要对发射器轨道总电流和电枢内膛连续速度进行测量；针对典型的基于 B 探针阵列测量电磁轨道发射器轨道总电流和电枢速度波形的测试方法运算量大、计算速度慢的缺点，面向未来工程化发射器快速测量应用需求，提出了利用人工神经网络来进行发射器轨道总电流和电枢内膛连续速度测量与数据预测拟合的方法。

建立了三种人工神经网络的方案对应求解模型，给出了最终的预测仿真结果，并测试了该模型的误差性能，给出了网络模型推广的可行性分析。

结合试验数据和试验目标设计了神经网络的仿真方案，提出了一种利用神经网络对电磁轨道炮发射总电流和电枢速度进行拟合预测的方法。该方法使用以下 5 种参量对上述两个对象进行预测：电磁轨道炮发射时的感应电动势、电枢质量、充电电压、电枢在炮膛内的起始位置以及使用三次样条插值得到的电枢位移 – 时刻拟合曲线。

1）人工神经网络模型

（1）反向传播神经网络

反向传播神经网络，即 BP 神经网络，广泛应用于函数逼近、分类、预测、控制、模式识别等方面[118]。它是神经网络中使用最广泛的网络结构，这类网络结构可分为三个部分，即输入层、隐含层和输出层。其网络结构如图 3 - 98 所示。

其中，输入层接收需要处理的数据变量，输出层输出数据处理的结果，隐含层可形象化地理解为神经网络处理数据的方案和流程。输入层节点数与输入量维度有关，输出层也是。隐含层可以有若干层，每层节点数的选择是自由的，二者同时影响着 BP 神经网络的学习性能，依据需要解决问题的不同而改变。BP 神经网络的学习规则一般采用梯度下降法。在高等数学中，梯度是多元函数的参数求偏导数后的向量表达形式，梯度向量指向函数增加最快的方向，即沿着梯度方向更容易找到函数的最大值，对应地，沿着负梯度的方向更容易找到函数的最小值。

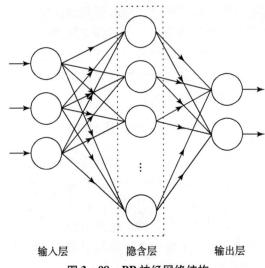

输入层　　　　　隐含层　　　　输出层

图 3 - 98　BP 神经网络结构

BP 神经网络有以下特点：

①网络包含多层隐含层，层与层之间的神经元节点全连接，同一层的节点不连接。网络隐含层数越多，BP 神经网络能够在数据中挖掘出的信息越深入，从而完成更复杂的任务。

②每一个神经元节点的传递函数必须可微，这保证了梯度下降法的适用性。一般地，Sigmoid 函数是最常用的节点传递函数。

③网络采用误差方向传播算法。在网络学习过程中，数据的流向是从输入层进入隐含层并在隐含层中逐层前进最后到达输出层，然后与样本输出进行比较得到误差，网络为了修改节点连接权重，沿着误差减小的方向，从输出层流向隐含层再逐层流向输入层，与数据流向反向。网络学习过程中持续进行这样的循环工作，直到最终误差小于设定的误差阈值，这样就完成了神经网络的学习过程。

反向传播神经网络的局限性主要有以下几点：

①需要设定的参数较多，包括网络的隐含层数、每层节点个数、节点的阈值以及不同层节点之间的连接权重，这些参数的选择没有固定的原则，需要参照经验。

②网络学习过程中容易陷入局部最小，导致网络并没有收敛到最佳性能。

③样本的数量和质量对网络性能的影响较大。

④网络学习时初始化节点连接权重是随机的，这导致 BP 神经网络往往具有不可重视性。

（2）径向基函数神经网络

径向基函数神经网络（RBF 神经网络）是反向传播神经网络的一种特例。RBF 神经网络的思想是将数据转化到高维空间，使其在高维空间线性可分。结构上 RBF 神经网络与 BP 神经网络相似，不同之处在于它的隐含层固定只有一层，且它的隐含层节点使用的传递函数是径向基函数，例如高斯函数核，如式（3 - 100）所示，而 BP 神经网络中隐含层节点一般采用 Sigmoid 函数作为传递函数。在式（3 - 100）中，x 代表输入，C_k 为高斯函数中心，$\|x - C_k\|$ 为欧式范数，σ_K 为高斯函数方差，它控制着函数的径向作用范围。

$$\Phi_k(x) = \exp\left(-\frac{\|x - C_k\|^2}{2\sigma_K^2}\right) \qquad (3 - 100)$$

径向基函数是一种局部激活函数，当输入在函数中心时，函数的输出最大；而输入远离函数中心时，函数的输出迅速衰减。在 RBF 神经网络的训练过程中，函数中心和函数径向作用范围受学习样本影响。

从结构上看，RBF 神经网络的隐含层的层数比 BP 神经网络的隐含层的层数少，这使得 RBF 神经网络在训练过程中需要更新的权重比 BP 神经网络少，从而 RBF 神经网络训练所用时间比 BP 神经网络少很多。从学习过程看，BP 神经网络属于全局逼近网络，BP 神经网络需要确定不同层节点之间的连接权值和阈值，容易陷入局部极小，网络收敛速度慢；而 RBF 神经网络属于局部逼近网络，当输入与函数中心较远时，该节点不响应。这样的学习方式使得 RBF 神经网络的训练效率、逼近能力均优于 BP 神经网络[119]。

（3）广义递归神经网络

广义递归神经网络（General Regression Neural Network，GRNN，即 GR 神经网络）是 RBF 神经网络的一种改进形式。它建立在非参数回归的基础上，依据最大概率原则，使用了密度函数来进行输出预测。GR 神经网络在结构上分为 4 层，分别为输入层、模式层（pattern layer）、求和层（summation layer）以及输出层。值得注意的是它的模式层和求和层，其中模式层节点数等于学习样本的数目，模式层节点使用的传递函数如式（3 - 101）所示，其中 X 是输入，X_i 是第 i 个节点对应的学习样本，σ 是光滑因子，函数的输出是输入模式与每个存储的训练模式之间距离的度量。GR 神经网络的求和层的节点有两种工作类型，第一类是对所有模式层节点的输出进行算术求和，第二类是对所有模式层节点的输出进行加权求和。由于 GR 神经网络是 RBF 神经网络的特殊形式，因此它同样具有 RBF 神经网络的优点。除此之外，它还具有良好的全局收敛性。GR 神经网络适用于解决非线性逼近问题，在信号解析、结构分析和控制等领域有广泛的应用[120]。

$$P_i = \exp\left[\frac{-(X-X_i)^\mathrm{T}(X-X_i)}{2\sigma^2}\right] \quad i = 1,2,\cdots,n \quad (3-101)$$

2）预测仿真方案

我们建立了一个预测仿真方案模型，如图 3 – 99 所示。在方案模型中，以人工神经网络为主体，为其提供了学习样本来对人工神经网络进行训练，最终效果可以实现通过图中左侧 5 个参量输入给神经网络，能够得到其预测的右侧两个需求的参量。方案具体的内容将在下述三个小节中详细说明。

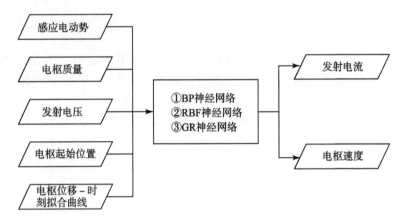

图 3 – 99　预测仿真方案模型

（1）方案目标

在这个方案中，无须对电磁轨道炮发射总电流和电枢速度这两个参数进行测量，而是通过与之有密切联系的相关参量来对其进行仿真拟合预测，这些参量包括由探头测得的感应电动势（Ⅰ）、电枢质量（Ⅱ）、充电电压（Ⅲ）、电枢在炮膛内的起始位置（Ⅳ）、使用三次样条插值得到的电枢位移 – 时刻拟合曲线（Ⅴ）。选择它们的原因是容易获取或者利用现有设备能精确地测量得到，并且它们与发射总电流和电枢速度之间存在联系，而且实际上对发射总电流和电枢速度的测量成本是比较高的。

在此方法中，使用到的数据包括上述参量Ⅰ、Ⅱ、Ⅲ、Ⅳ、Ⅴ以及发射总电流。其中发射总电流是在电磁炮发射试验中测量的数据，试验平台为 5 ~ 6 MJ 的电磁炮，轨道长 6 m。

（2）方案适用条件

这个方案要求使用同一个电磁轨道发射装置，在连射过程中，除了电枢质量，电枢在炮膛内的起始位置、电磁轨道炮的充电电压可以调整之外，其他的条件不能改变。

（3）方案描述

参量I即感应电动势，是一个时变量。在试验中，通过安装在发射装置后膛的 B 探针获得感应电动势波形。该信号的分辨率为 2 μs，即每 2 μs 进行一次采样从而获取一个采样点时刻对应数据。

典型的电磁轨道炮发射总电流波形如图 3 - 100 所示，在试验中它一般由罗氏线圈测得。发射电流的持续时间为 8 ms，其中重点关注前面的部分。设定研究的时长为前 3.6 ms，因而它是由 1 800 个点组成的数据，如图 3 - 101 所示。因此，对应截取感应电动势信号，使其时长与总电流信号一致，如图 3 - 102 所示。

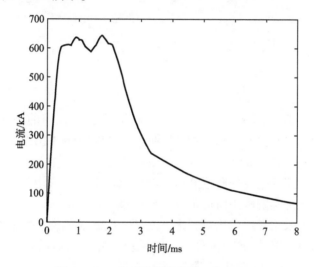

图 3 - 100　电磁轨道炮发射总电流波形

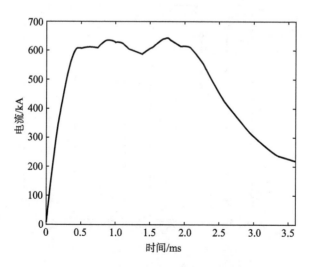

图 3 - 101　电磁轨道炮发射总电流截取部分

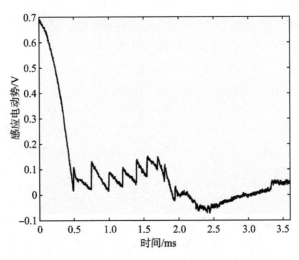

图 3 – 102　电磁轨道炮感应电动势信号截取部分

参量 Ⅱ、Ⅲ、Ⅳ为常量，在一次试验过程中它们的值不随时间变化[121]。电枢是电磁轨道炮的关键部件，它将电磁能转化为动能，推动弹丸加速。因此，电枢质量将直接影响电磁轨道炮的发射性能。图 3 – 103 所示为试验中使用的电枢的质量分布；电磁轨道炮一般采用脉冲电源作为能源，它的性能是影响电磁轨道炮发射性能最直接的因素之一，在电磁轨道炮发射时一般采用发射电压对其进行表征。电磁轨道炮的能源系统由多个能源模块组成，其中偶尔会发生一些模块故障，从而导致能量释放不完全，也就是充电电压变化的现象。上述现象影响电磁轨道炮的发射性

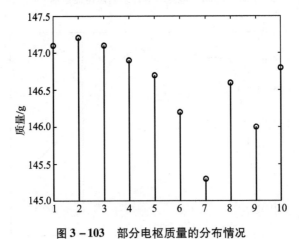

图 3 – 103　部分电枢质量的分布情况

能[122]。电枢在炮膛内的起始位置一般随试验次数的变化而变化，由于电磁轨道炮连射试验中发射轨道受到损伤的情况在所难免[123]，变化的膛内发射环境对电枢起始位置会有一定的影响。尽管这个因素影响比较小，我们仍然将其考虑在内。

　　在试验中，我们在发射轨道上距离炮尾部不同距离的 8 个位置处分别安装了磁探针，用于测量电枢到达该位置处的时刻，它们被安装在下侧的轨道上。磁探针的位置分布如表 3 - 12 所示。在得到上述数据后，通过三次样条插值法（Cubic Spline Interpolation）得到了连续的，对应参量 I 的时间范围的位移 - 时刻拟合曲线，它同样是 1 800 个数据点，如图 3 - 104 所示。它作为输入参量之一被神经网络学习。

表 3 - 12　B 探针位置分布

序号	位置/mm
1	1 670
2	2 140
3	2 620
4	3 090
5	3 570
6	4 040
7	4 520
8	4 990

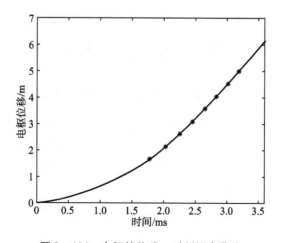

图 3 - 104　电枢的位移 - 时刻拟合曲线

对于输出量之一的电枢速度，我们使用了文献［124］中的组合方法得到，如图 3 – 105 所示。该方法能以低误差逼近真实的电枢运动速度。该方法主要依据以下公式推导到的，其中 $F(t)$ 是电枢所受电磁力，$a(t)$ 是电枢加速度，$v(t)$ 是电枢速度，$s(t)$ 是电枢位移。式（3 – 102）中 L' 为电感梯度，理论推导时，根据经验设置一定的误差阈值，在一定的范围内搜索合适的电感梯度值，使得最后得到的位移曲线能够和 8 个探针所测的数据在误差阈值内吻合，这样就找到了合适的电感梯度值。

$$F(t) = \frac{1}{2} L' I^2(t) \qquad (3 - 102)$$

$$a(t) = \frac{F(t)}{m} \qquad (3 - 103)$$

$$v(t) = \int_{t_1}^{t_2} a(t)\,\mathrm{d}t \qquad (3 - 104)$$

$$s(t) = \int_{t_1}^{t_2} v(t)\,\mathrm{d}t \qquad (3 - 105)$$

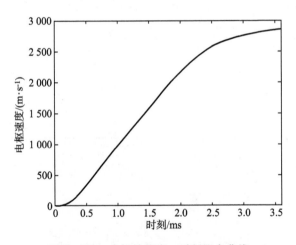

图 3 – 105　电枢的速度 – 时刻拟合曲线

我们将上述方法得到的电枢速度与试验中测量得到的发射总电流作为神经网络的拟合对象，通过对神经网络的训练，使神经网络能够学习某一时刻参量 I、II、III、IV、V 对电枢速度和发射总电流的影响。在神经网络训练完成后，通过参量 I、II、III、IV、V 就能直接预测出该次试验中电枢速度和发射总电流，并且该过程具有执行速度快、预测值准确度高等优点。

3）预测仿真系统设计

在上一章建立的仿真方案模型的指导下，我们使用了 Matlab 仿真软件对该方案模型进行实现。下述几个小节对方案模型的实现过程和相关参数设置进行了理论分析和过程说明。

（1）数据预处理

在对神经网络进行训练之前，我们进行数据的归一化，目的是使神经网络在最优解的寻优过程中变得平缓，从而更容易正确地收敛到最优解。

数据归一化完成后，进行数据集划分工作。在机器学习领域中，一般把数据划分为三类：训练集（Training set）、验证集（Validation set）和测试集（Test set）。训练集用于提供给神经网络学习以确定网络参数和模型结构，验证集用于网络模型选择调整及最终优化，测试集用于对训练完成的神经网络进行测试以评估其误差性能。在实际应用中，一般只把数据划分为训练集和测试集。一般地，尽可能大的测试集可以更好地表现出神经网络的泛化能力，但是对于数量有限的数据而言，这会造成剩余的训练集可能不足以令人满意地训练出符合误差性能要求的神经网络。此外，对于训练集和测试集比例的确定，还需要根据实际应用场合、神经网络的规模和结构、数据的维数等因素综合考虑。这里，我们有45组样本数据，经过不断地测试和选择优化，划分方案为：40组样本数据为训练集，5组样本数据为测试集。对于神经网络而言，为保证其泛化能力，测试集是随机选择的。样本数据集的划分操作的依据是系统生成的随机数，该操作保证了测试集的选取是完全随机的。

（2）网络超参数的设置

①学习算法的选择。

对于 BP 神经网络，在 Matlab 软件仿真建模过程中，我们可以选择表 3 − 13 中的训练函数对网络进行训练。其中，trainrp 算法内存需求最小，是大型网络的首选算法；trainbfg 即 Quasi − Newton Algorithms − BFGS Algorithm，计算量和内存需求均比共轭梯度算法大，但收敛比较快；trainoss 即 One Step Secant Algorithm，计算量和内存需求均比 BFGS 算法小，比共轭梯度算法略大；trainlm 即 Levenberg − Marquardt 算法，内存需求最大，收敛速度最快。

表 3 − 13　训练函数

函数	功能
trainbfg	BFGS（拟牛顿反向传播算法）训练函数
trainbr	贝叶斯归一化法训练函数

函数	功能
trainb	以权值/阈值的学习规则，采用批处理的方式进行训练
trainbu	无监督 trainb 训练
trainc	以学习函数依次对输入样本进行训练的函数
traincgb	Powell – Beale 共轭梯度方向传播算法训练函数
traincgf	Fletch – Powell 变梯度反向传播算法训练函数
traincgp	Polak – Ribiere 变梯度反向传播算法训练函数
traingd	梯度下降反向传播算法训练函数
traingdm	附加动量因子的梯度下降反向传播算法训练函数
traingdx	自适应调节学习率并附加动量因子的梯度下降反向传播算法训练函数
trainlm	Levenberg – Marquardt 反向传播算法训练函数
trainoss	OSS（One – Step Secant）反向传播算法训练函数
trainrp	RPROP（弹性 BP）算法反向传播算法训练函数
trainscg	SCG（Scaled Conjugate Gradient）反向传播算法训练函数
trainr	以学习函数随机对输入样本进行训练的函数

对于 BP 神经网络，在学习过程中，权值和阈值沿着网络误差变化的负梯度方向进行更新调整，最终网络的误差达到极小值或者最小值，也就是说，此时误差梯度是零。标准的梯度下降法收敛速度慢，很容易陷入局部最小值，所以后来又有许多改进算法：动量因子学习算法、变速率学习算法、弹性学习算法、共轭梯度学习算法等。具体而言，不仅要考虑算法本身的性能，还要考虑问题的复杂度、样本集的大小、网络规模、网络误差目标以及要解决问题的类型。如果待解决的问题属于模式分类，常用弹性学习算法（收敛快，占用存储空间小）、共轭梯度法（收敛快，性能稳定，占用存储空间一般，尤其适合较大规模的网络）。

对于 RBF 神经网络，常用的学习算法有：Moody 和 Darken 算法、正交最小二乘算法（Orthogonal Least Squares）和 Recursive Hybrid 算法[125]，这里选择正交最小二乘算法。

对于 GR 神经网络，由于其使用概率函数进行输出预测，故不涉及学习算法。

②神经网络的训练方式。

神经网络的训练方式常见的有批训练（batch training）和增长训练（incremental training）。当训练样本的输入量并行输入（concurrent inputs）网络时称为批训练，串行输入（sequential inputs）网络时称为增长训练。批训练是指当全部输入都输入神经网络后，其权值和阈值才更新一次。而增长训练是指每输入一个输入，权值和阈值就更新一次。在增长训练中，每个样本依次输入，需要的存储空间较少。训练样本的选择是随机的，可以降低网络陷入局部最优的可能性。批训练相比增长训练更容易实现并行化，这种方式的学习速度远优于增长训练，因此这里选择效率更高的批训练，而对于局部最优的问题，我们将从其他方面采取措施降低其发生的可能性。

③分布密度。

RBF 神经网络和 GR 神经网络都使用了高斯函数，其中 σ 确定了它的分布密度，称为 Spread。在建立神经网络时，需要确定一个合适的 Spread，因为 Spread 的值对网络的逼近能力有影响，Spread 越小，神经网络对样本数据的逼近能力越强，但是另一方面，其受数据中噪声的影响也就越大越不稳定，导致误差急剧波动。Spread 越大，神经网络对样本数据的逼近过程就越光滑，此时网络的误差性能下降。因此，需要兼顾神经网络的误差性能和最终预测曲线的平滑程度，对 Spread 进行选取。表 3-14 展示了 RBF 神经网络下 Spread 值的大小变化对神经网络最终仿真结果的误差性能指标——均方误差（MSE）的影响（以发射电流为例）。因此，我们确定 RBF 神经网络的 Spread 为 4 000。

表 3-14　RBF 神经网络 Spread 与均方误差（MSE）的关系

Spread	10	100	1 000	2 000	3 000	4 000	5 000
MSE/kA	8 539. 13	290. 12	308. 08	304. 84	296. 31	288. 78	295. 44

同样地，我们对 GR 神经网络也进行了 Spread 的测试，结果如表 3-15 所示。因此，我们确定 GR 神经网络的 Spread 为 1。

表 3-15　GR 神经网络 Spread 与均方误差（MSE）的关系

Spread	1	10	50	100	1 000	3 000	5 000
MSE/kA	285. 57	321. 48	321. 93	321. 95	322. 46	323. 33	323. 54

④学习率。

在神经网络的学习中，高学习率代表着大步长，它使得权重向量 W 随着学习周期的变化而显著地改变。但是，这可能会造成网络在对最优结果的寻优过程中发生振荡（oscillate），从而使网络无法收敛。相反，低学习率可以避免这个风险，尽管它使得网络学习效率会有所降低。自适应学习率为 $\eta(t)$，它允许学习率 η 在训练过程中变化，对于某些问题可以有效地实现最优权重向量的确定[118]。

⑤节点传递函数。

在神经网络中引入传递函数的目的是使网络具有非线性映射功能。对于 BP 神经网络，它的隐含层节点使用的传递函数必须是可微分的，这保证了它满足梯度下降法的要求。一般地，常用 Sigmoid 函数作为传递函数，它根据输出是否含有负值分为 tansig 和 logsig，如图 3 - 106 所示。在数据归一化时，将数据限制在（-1，1），因此我们选择了 tansig 函数。对于 RBF 神经网络，使用高斯函数作为隐含层节点的传递函数。参考典型的 BP 和 RBF 神经网络设计原则，对于输出层节点，采用线性函数作为传递函数。

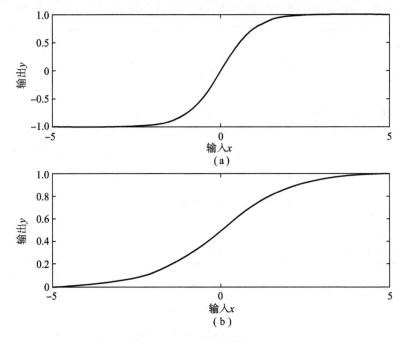

图 3 -106　tansig 函数和 logsig

（a）tansig 函数；（b）logsig 函数

⑥隐含层。

BP 神经网络具有良好的非线性映射特性，一般地，一层隐含层就可以很好地逼近任何非线性函数。如果输入量维度较多，需要增加隐含层的层数来使网络更深入地学习数据之间的联系。根据问题的类型和数据的特征和规模，需要多次尝试来获得合适的神经网络结构。

对于隐含层节点，它的数量较少导致网络无法存储足够的学习信息；它的数量过多会增加网络的训练时间，更重要的是会导致过拟合，使得网络泛化能力下降。一般原则是，在能够正确反映输入、输出关系的基础上，选用较少的隐含层节点，避免网络结构出现冗余。在这里，首先设置较少的隐含层节点，随着网络的训练，测试它的误差性能，然后逐渐增加节点，直到学习误差不再明显变化。最终，我们确定了 BP 神经网络的结构，其具有两层隐含层，每层节点数为 10，两层隐含层之后为线性加和层，用于给输出提供最终结果，如图 3 - 107 所示。

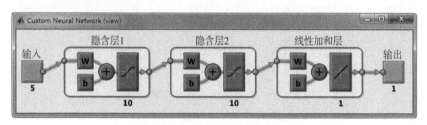

图 3 - 107 BP 神经网络结构

⑦训练周期。

对于 BP 神经网络的训练周期，在确定了上述相关超参数设置后，我们查看网络训练过程中均方误差的变化情况，如图 3 - 108 所示。我们发现在网络训练第 500 个周期左右时，其误差性能已基本稳定且足够小，满足误差要求，而之后的 500 个周期内误差性能变化不明显。基于误差性能和网络训练时间消耗的综合考虑，我们设定 BP 网络训练周期上限为 500，其网络训练均方误差变化情况如图 3 - 109 所示。对于 RBF 神经网络，为了后期对比 BP 神经网络的仿真性能，我们在此将其训练周期也设置为 500。对于 GR 神经网络，由于其不涉及学习算法，故无须设定此参数。

（3）网络泛化

①泛化理论。

神经网络的泛化能力用来衡量在给定的训练集上训练过的网络模型在没有见过的数据上运行的能力，这些未见过的数据与训练数据有着相同的底层分布。Moody 准则证实了神经网络结构设计的最简原则：对已达到给定训练精度的神经网络，其有效参数越少，泛化能力越好[126]。在训练过程中，影响神经网络泛化能力的因素包括但不限于以下几个：

a. 网络结构，即网络超参数中的网络层数、节点数。

b. 学习样本的复杂性，即某一固定结构神经网络所需的样本数目。

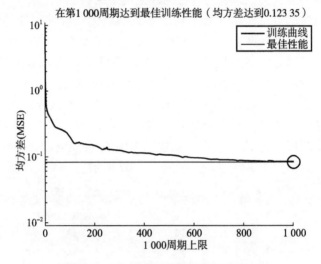

图 3 – 108　BP 神经网络训练周期 MSE 变化

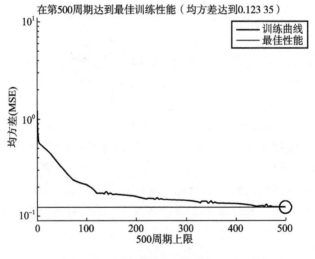

图 3 – 109　BP 神经网络训练周期 MSE 变化

c. 样本质量，即供网络学习的训练集样本的分布反映总体分布的程度，它影响着学习样本提供给网络的信息量。

d. 初始权值。对于 BP 神经网络来说，其网络初始化过程中，权值的初始化尤为敏感。初始值的不同，会导致最终训练完成的神经网络具有不同的泛化能力。

②欠拟合和过拟合。

神经网络在训练集上的误差性能逐渐减小到零，但是在测试集上的误差性能由下降趋势变成上升趋势，这说明网络的泛化能力已经恶化，也就是说神经网络从欠拟合状态变成了过拟合状态[127,128]。

欠拟合是由样本输入量的有效特征维度较少造成的，欠拟合的神经网络模型无法充分学习训练集的所有信息，导致其输出误差较大。欠拟合问题可以通过增加输入样本的有效特征维度来解决。而过拟合的根本原因则是样本的特征参量被分解得过于精细和分散而训练集样本数又不够多，无法对每种特征不同的组合情况进行充分表征和区分。过拟合使得网络模型完美适应训练集，但是对测试集也就是新数据的预测结果较差。解决过拟合问题有两个途径：一是数据降维，保留特征表示信息充足且和训练集样本数适配的数据维度，消除冗余数据维度，这需要根据实际问题的模型来操作；正则化，保留所有的特征，通过降低正则化参数 θ 来影响模型。

经过对上述因素的考虑，对三类网络的超参数进行了设置。BP 神经网络的学习算法使用了 traingdx，即自适应调节学习率并附加动量因子的梯度下降反向传播算法，隐含层设置为两层，每层 10 个节点；RBF 神经网络的学习算法使用了正交最小二乘算法；RBF 神经网络的 Spread 设置为 4 000，GR 神经网络的 Spread 设置为 1。

4）预测仿真系统实现

我们分别利用 BP 神经网络、RBF 神经网络、GR 神经网络三种神经网络实现了上述仿真方案，以下是最终的仿真预测结果和性能分析。

（1）仿真试验

BP 网络对电磁轨道炮发射总电流和电枢速度的仿真拟合如图 3 - 110、图 3 - 111 所示。图中，黑色曲线为网络预测仿真的数据，灰色曲线为实际发射试验中利用高精度测量设备所测得的数据。图中的横轴为时间轴，单位为 ms，时间范围为 0 ~ 3.6 ms，由 3.2 节可知信号的分辨率为 2 μs。因此，本节展示的试验仿真结果每个参量均为长度 1 800 的数据。图 3 - 110 中，纵轴为电流大小，单位为 kA。图 3 - 111 中，纵轴为速度绝对值，单位为 m/s。

从图 3 - 110 中可以看出，BP 神经网络对电磁轨道炮发射总电流的总体预测效果理想，在 0.5 ~ 2.0 ms 时间段，电流变化比较频繁，曲线在一些变化比较剧烈的时刻对电流的预测误差稍大。

在图 3 - 111 中，BP 神经网络对电枢速度预测效果良好，预测误差稍大的部分集中在 2.5 ~ 3.6 ms 处。

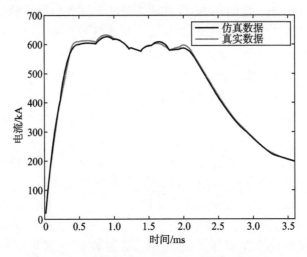

图 3 – 110　BP 神经网络对发射总电流的仿真拟合

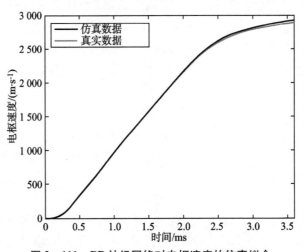

图 3 – 111　BP 神经网络对电枢速度的仿真拟合

　　RBF 神经网络对电磁轨道炮发射总电流和电枢速度的仿真拟合如图 3 – 112、图 3 – 113 所示。从两个图中可以看出，黑色预测曲线相对于 BP 神经网络的预测结果波动稍大，体现为数据噪声的影响，这是受 Spread 影响的结果。

　　GR 神经网络对电磁轨道炮发射总电流和电枢速度的仿真拟合如图 3 – 114、图 3 – 115 所示。从图中可以看出，GR 神经网络的预测仿真结果比较理想，没有 RBF 神经网络的仿真结果的曲线毛刺，误差和 BP 神经网络的仿真结果也很接近甚至优于后者。

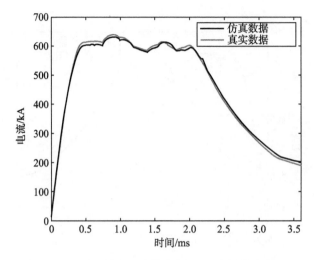

图 3 – 112　RBF 神经网络对发射总电流的仿真拟合

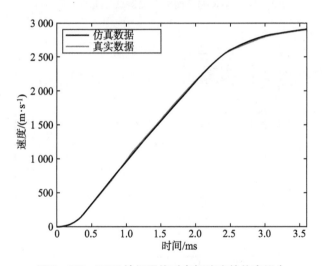

图 3 – 113　RBF 神经网络对电枢速度的仿真拟合

（2）仿真系统性能分析

本方案对 45 组样本进行了随机抽取，选择其中 5 组样本作为测试集，用于对训练好的神经网络进行性能检测。由于篇幅限制，上一节只进行了部分结果展示。为了科学系统地进行分析，我们利用均方误差（MSE）以及平均绝对误差（MAE）两个数理统计的评价指标对它们进行了分析，结果如表 3 – 16 所示，表中误差数值单位为对应电流单位 kA 或速度单位 m/s。

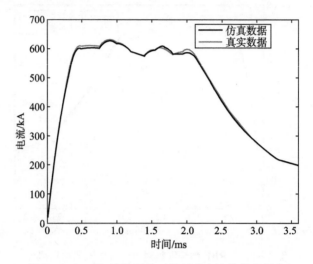

图 3 – 114　GR 神经网络对发射总电流的仿真拟合

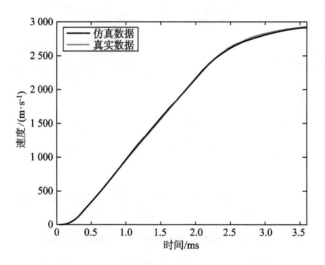

图 3 – 115　GR 神经网络对电枢速度的仿真拟合

　　为保证结论的普遍性，在仿真性能分析中，采用了 K – 折叠交叉验证法（K – fold Cross Validation）。在 45 组样本中，每次仿真随机抽取 5 组作为测试集，剩余 40 组作为训练集，我们这样做了 8 轮网络仿真，如表 3 – 16 中序号 1 ~ 8 所示，并使得每轮网络仿真中使用的 5 组测试集都不一样，每轮网络仿真结束后，计算 5 组仿真数据的 MSE 和 MAE，然后对 8 轮仿真的 MSE 和 MAE 进行求平均值。这样做的目的是防止在网络仿真中出现的偶然情况对网络性能分析结论的普遍性产生影响，而造成偶然情况的原因是网络训练时初始化过程中对不同层节点之间的连接权值和阈值的赋值是随机的，它使得每轮神经网络结构、节点权重和阈值的最优解都不一样，导致仿真结果的误差会有一定的波动。

基于试验测量数据的仿真试验结果表明，利用 BP、RBF 神经网络以及 GRNN 实现通过相关参量对发射总电流和电枢速度曲线进行预测拟合的方法可行，其中 GRNN 在误差性能和训练仿真时间方面有优势。该方法能够快速地以低误差状态对电磁轨道炮的发射总电流和电枢速度进行预测拟合。基于人工神经网络的电磁轨道发射器电流和速度波形拟合算法具有一定的推广和应用价值。

通过表 3-16 可知，就神经网络的仿真误差而言，BP 神经网络和 GR 神经网络的误差性能优于 RBF 神经网络，并且 BP 神经网络和 GR 神经网络的误差性能比较接近。另一方面，从图 3-110～图 3-115 可以看出，就仿真曲线的平滑度而言，GR 神经网络的性能优于 BP 神经网络和 RBF 神经网络。对于 RBF 神经网络，误差性能和仿真曲线的平滑度是一对矛盾，若将 RBF 神经网络的 Spread 设置得太小，则误差会减小，但这导致仿真曲线出现较多的噪声和毛刺。就物理意义而言，这对电枢速度的表示是不可信的。若 Spread 设置得过大，则仿真曲线比较平滑，但是相应地误差会有所增加。

表 3-16　神经网络预测仿真结果的 MSE、MAE 指标性能

评价指标	数据类型	网络类型	误差值								
轮次			1	2	3	4	5	6	7	8	平均值
MSE	发射总电流	BP	110.91	264.35	205.72	118.17	136.41	382.82	149.25	465.64	229.16
		RBF	136.11	235.42	203.04	151.89	185.66	466.06	212.54	528.27	264.87
		GRNN	251.07	196.78	115.42	133.71	412.51	148.67	448.47	272.88	247.44
	电枢速度	BP	296.56	1068.43	1169.30	528.44	644.16	306.16	2100.53	769.19	860.35
		RBF	301.02	1015.68	866.61	596.96	1210.90	1096.20	452.06	2393.45	991.61
		GRNN	308.86	726.58	1038.62	600.22	953.76	264.71	727.89	1812.53	804.15

续表

评价指标	数据类型	网络类型	误差值								
	轮次		1	2	3	4	5	6	7	8	平均值
MAE	发射总电流	BP	7.97	12.75	12.15	7.68	8.20	16.01	9.83	17.87	11.56
		RBF	8.44	11.76	11.78	8.71	8.73	18.11	11.30	18.88	12.21
		GRNN	12.38	11.95	7.68	8.04	16.73	10.00	17.58	13.82	12.27
	电枢速度	BP	13.64	24.21	23.35	15.36	17.34	14.48	31.47	20.06	19.99
		RBF	13.43	24.36	20.29	15.90	16.49	25.18	16.23	34.16	20.75
		GRNN	13.97	19.77	21.47	16.33	21.75	13.18	19.66	27.27	19.17

另外，统计了三种网络的训练和仿真所用时间，如表 3-17 所示。很明显，GR 神经网络和 RBF 神经网络在网络训练和网络仿真所用时间都少于 BP 神经网络，其中 GR 神经网络是用时最少的。

表 3-17　网络训练及仿真所用时间对比

神经网络	数据类型	训练/s	仿真/s
BP	发射总电流	1 620	14.32
	电枢速度	2 478	14.38
RBF	发射总电流	471	13.48
	电枢速度	488	13.51
GR	发射总电流	115	13.62
	电枢速度	133	13.64

通过上述分析，可以得出结论：BP 神经网络、RBF 神经网络和 GR 神经网络都能很好地完成任务。若实际需求强调快速性，则优先使用 RBF 神经网络和 GR 神经网络，其中 GR 神经网络是更优秀的。若实际需求对误差性能的要求很高，则优先使用 BP 神经网络和 GR 神经网络，其中 BP 网络需要根据场合、数据精度、设备性能做对应的网络结构调整。虽然其误差性能可能优于 GR 神经网络，但是网络结构设计烦琐。相反地，GR 神经网络的网络结构设计是简单的，这使得它的使用过程比 BP 神经网络更简洁和快速。

3.6　电磁轨道炮弹载瞬态强磁场测量

拟采用 B 探针测量膛内瞬态强磁场，该类探头标定及其幅/相频特性在文献［129、130］中已广泛应用在电磁发射技术瞬态强磁场测量工作中，本方法需要在前期研究基础上，在膛内弹丸区有限空间，设计微型 B 探针，实现被测参量的获取功能。弹丸区电路和探头分布相对位置如图 3－116所示。

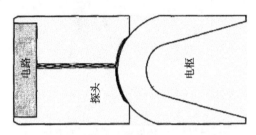

图 3－116　弹丸区电路和探头分布相对位置

目前电磁轨道发射装置膛内弹丸的本地物理参数测量方法大致可以分为四类：

①本地存储式，将探头抓取的数据存储在运动弹丸区的本地存储介质中，该方法的数据无须跨越运动弹区，但需要专门的弹丸发射后的捕获拾取装置，发射后从本地存储介质中将数据读取出来。

②光电信号式，弹丸区本地探头拾取的电测量信号转换为光信号，由微型激光器发射，通过在发射器前端发射路径上安置光学反射镜，从观测窗口把数据拾取出来，如图 3－117 所示。

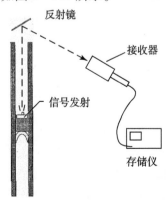

图 3－117　光电信号式配置示意图

③无线电信号式，弹丸区本地探头拾取的电参数信号转换为高频无线电载波信号，由无线电天线发射，通过观测窗口将数据拾取出来，如图3－118所示。

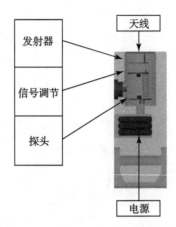

图3－118　无线电信号式配置示意图

④有线传导式，通过极细的绝缘双绞信号线将探头的测量信号直接拾取出来。

目前，受限于电磁轨道发射装置结构的多样性、电源规模及瞬态电流大小的不同，各种方法各有优缺点及适用范围；在前期国内外相关研究和探索成果的基础上，本项目拟采用方法①和方法③，拟实现弹丸上的本地磁场测量方法研究和装置研制。

本地存储式除了要完成强磁场和高过载防护外，还需要应对弹丸回收时的侵彻冲击过程，需要额外设计弹丸回收系统；微波无线通信方式，无须关注回收，但在炮口需要预先设置校准好微波反射镜面，对安装和调试校准提出了更高的要求。据文献报道，以上两种方式美军均有应用研究，具体测量结果未见相关报道。

参 考 文 献

［1］Hoffman R B, Haran T L, Lane S E . Diagnostic capabilities for electro-magnetic railguns ［C］// International Symposium on Electromagnetic Launch Technology. IEEE, 2012.

［2］Richard Middelkoop. Time－domain calibration of field sensors for electro-magnetic pulse（EMP）measurements ［J］. IEEE Transactions on Instrumentation and Measurement, 1991, 40（2）：455 – 459.

［3］ Motohisa Kanda. Standard probes for electromagnetic field measurements ［J］. IEEE Transactions on Antennas and Propagation, 1993, 41（10）：1349 – 1364.

［4］ Masanori Ishii, Koji Komiyama. Impedance method for a shielded standard loop antenna ［J］. IEEE Transactions on Instrumentation and Measurement, 2007, 56（2）：422 – 425.

［5］ 石立华, 陶宝祺, 周璧华. 脉冲磁场传感器的时域标定 ［J］. 计量学报, 1997, 18（2）：140 – 144.

［6］ 樊宽军, 王相綦, 尚雷, 等. 微秒脉冲磁场自动测量系统及误差分析 ［J］. 核技术, 1998, 21（3）：167 – 171.

［7］ 谢彦召, 刘顺坤, 孙蓓云, 等. 电磁脉冲传感器的时域和频域标定方法及其等效性 ［J］. 核电子学与探测技术, 2004, 24（4）：395 – 399.

［8］ Masanori Ishii, Koji Komiyama. A measurement method for the antenna factor of small loop antenna by measuring the input impedance ［C］// Conference on Precision Electromagnetic Measurements, 2004.

［9］ Masanori Ishii, Koji Komiyama. A simple method by measuring the impedance for evaluation of magnetic antenna factor of a loop antenna ［J］. IEICE Electronics Express, 2006, 3（5）：92 – 96.

［10］ Masanori Ishii, Yozo Shimada. Reference calibration methods for small circular loop antenna in low – frequency band ［J］. IEEE Transactions on Instrumentation and Measurement, 2009, 58（4）：1097 – 1103.

［11］ Wiggins C M, Wright S E. Switching transient fields in substations ［J］. IEEE Transactions on Power Delivery, 1991, 6（2）：591 – 600.

［12］ Lu S L, Lin C E, Huang C L, et al. Power substation magnetic field measurement using digital signal processing techniques ［J］. IEEE Transactions on Power Delivery, 1999, 14（4）：1221 – 1227.

［13］ 张卫东. 变电站开关操作瞬态电磁干扰问题的研究 ［D］. 保定：华北电力大学, 2003.

［14］ 张卫东, 崔翔. 光纤瞬态磁场传感器的研究及其应用 ［J］. 中国电机工程学报, 2003, 23（1）：88 – 92.

［15］ 卢斌先, 王泽忠, 李成榕. 500 kV 变电站开关操作瞬态电场测量与研究 ［J］. 中国电机工程学报, 2004, 24（4）：133 – 138.

［16］ 卢斌先. 变电站开关瞬态场干扰耦合机理研究 ［D］. 北京：华北电

力大学，2006.

[17] 陈磊. 变电站开关操作暂态电磁干扰的计算与分析 [D]. 济南：山东大学，2007.

[18] 李云伟. 变电站开关瞬态场及其对二次电缆的耦合机理研究 [D]. 北京：华北电力大学，2008.

[19] Siew W H, Howat S D, Chalmers I D. Radiated interference from a high voltage impulse generator [J]. IEEE Transactions on Electromagnetic Compatibility, 1996, 38 (4)：600 – 604.

[20] 姚学玲，陈景亮，孙伟，等. 高压脉冲电流放电环境中电场和磁场分量的研究 [J]. 高电压技术，2002, 28 (10)：39 – 40.

[21] 王振. 高电压脉冲放电电磁环境及其测试方案的研究 [D]. 大连：大连理工大学，2006.

[22] Masao Masugi, Kazuo Murakawa, Nobuo Xuwabara, et al. Measurement and analysis of electromagnetic pulses caused by electrostatic discharge [C]. IEEE International Symposium on Electromagnetic Compatibility. IEEE, 1992.

[23] 朱长清，刘尚合，魏明，等. 静电放电电流的频谱分析与计算 [J]. 高电压技术，2003, 29 (8)：23 – 25.

[24] 张希军，范丽斯，武占成，等. 静电模拟器放电开关辐射场特性研究 [J]. 北京理工大学学报，2005, 25：68 – 71.

[25] 付禄欣，王学保. 单次性脉冲磁场的测量原理及实现方法 [J]. 原子能科学技术，1986, 20 (2)：185 – 190.

[26] Stuchly M A, Gibbons D, Thansandote A, et al. Magnetic field sensor for measurements of transients [C] // Conference on Precision Electro-magnetic Measurements, Cpem 90 Digest. IEEE, 1990.

[27] Bem D J, Wiqckowski T W. Probes for EM pulse measurements [C]. Proc. 8th Int. Conf. EMC, London, 1992.

[28] 石立华，周璧华. 自积分式脉冲磁场传感器的补偿研究 [J]. 电波科学学报，1995, 10 (4)：50 – 55.

[29] 宋玉刚，林国标，柴立民，等. 脉冲磁场与脉冲磁场测量仪 [J]. 矿冶，1995, 4 (3)：72 – 78.

[30] 石立华，周璧华. EMP 磁场传感器的理论与实验研究 [J]. 高电压技术，1996, 22 (2)：9 – 11.

[31] 林福昌，姚宗干，蒋政龙. 非均匀瞬变磁场的测量 [J]. 高电压技

术，1998，24（2）：16 - 18.

[32] 李恪，王建国，任海蓉. 电感自积分式脉冲点磁场探头的研究 [J]. 电测与仪表，2000，37（6）：52 - 54.

[33] Guttman J L, Niple J, Kavet R, et al. Measurement instrumentation for transient magnetic fields and currents [J]. IEEE International Symposium on Electromagnetic Compatibility, 2001, 1：419 - 424.

[34] Fotis G P, Rapanakis A G, Gonos I F, et al. Mea-surement of the magnetic field radiating by electrostatic discharge generators along various directions [C]. 12th Biennial IEEE Conference on Electromagnetic Field Computation, 2006.

[35] Fotis G P, Gonos I F, Stathopulos I A. Measurement of the magnetic field radiating by electrostatic discharges using commercial ESD generators [J]. Measurement Elsevier, 2006, 39：137 - 146.

[36] 曹荣刚，邹军，袁建生. 脉冲功率电源辐射电磁场测量与分析 [J]. 强激光与粒子束，2009，21（9）：1426 - 1430.

[37] Nalty K E, Zowarka R C, Holland L D. Instrumentation for EM launcher systems [J]. IEEE Transactions on Magnetics, 1984, 20（2）：328 - 331.

[38] Canavero F, Cardelli E, Raugi M, et al. Modelling of electromagnetic interferences produced by a railgun [J]. IEEE Transactions on Magnetics, 1993, 29（1）：1125 - 1130.

[39] Cobum W O, Le C, de Troye D J, et al. Electromagnetic field measurements near a railgun [J]. IEEE Transactions on Magnetics, 1995, 31（1）：698 - 703.

[40] 曾正华. 脉冲大电流测试技术研究 [D]. 南京：南京理工大学，2006.

[41] 张宝贵. 脉冲电抗器磁场特性及外部结构的电磁力分析 [D]. 南京：南京理工大学，2007.

[42] 董理江. 模块化电源脉冲磁场测试技术研究 [D]. 南京：南京理工大学，2008.

[43] 金惕若. 空间磁场的测量 [J]. 测控技术，2000，19（11）：32 - 35.

[44] Nahman N S, Kanda M, Larsen E B, et al. Methodology for standard electromagnetic field measurements [J]. Instrumentation and Measurement, IEEE Transactions on, 1985, 3（4）：490 - 503.

[45] Ma M T, Kanda M, Crawford M L, et al. A review of electromagnetic compatibility/interference measurement methodologies [J]. Proceedings of the IEEE, 1985, 73 (3): 388 – 411.

[46] Novothy D R, Masterson K D, Kanda M. An optically linked three – loop antenna system for determining the radiation characteristics of an electrically small source [C] // Electromagnetic Compatibility, 1993. Symposium Record. , 1993 IEEE International Symposium on: 300 – 305.

[47] Motohisa Kanda. Standard antennas for electromagnetic interference measurements and methods to calibrate them [J]. IEEE Transactions on Electromagnetic Compatibility, 1994, 36 (4): 261 – 273.

[48] de Leo R, Pierantoni L, Rozzi T, et al. accurate Analysis of the GTEM cell wide – band termination [J]. IEEE Transactions on Electromagnetic Compatibility, 1996, 38 (2): 188 – 197.

[49] Cerri G, Leo R de, Primiani V M. ESD indirect coupling modeling [J]. IEEE Transactions on Electromagnetic Compatibility, 1996, 38 (3): 274 – 281.

[50] Lira Hamada, Nobutoshi Otonari, Iwasaki Iwasaki. Measurement of electromagnetic fields near a monopole antenna excited by a pulse [J]. IEEE Transactions on Electromagnetic Compatibility, 2002, 44 (1): 72 – 78.

[51] Fotis G P, Rapanakis A G, Gonos I F, et al. Measurement of the magnetic field radiating by electrostatic discharge generators along various directions [C] // Electromagnetic Field Computation, 2006 12th Biennial IEEE Conference on, 2006.

[52] Caroobi C F M, Millanta L M, Chiosi L. The high – frequency behavior of the shield in the magnetic – field probes [J]. IEEE International Symposium on Electromagnetic Compatibility, 2000: 35 – 40.

[53] Caroobi C F M, Millanta L M. Analysis of the common – mode rejection in the measurement and generation of magnetic fields using loop probes [J]. IEEE Transactions on Instrumentation and Measurement, 2004, 53 (2): 514 – 523.

[54] Kanda M, Hill D A. A three – loop method for determining the radiation characteristics of an electrically small source [J]. IEEE Transactions on Electromagnetic Compatibility, 1992, 34 (1): 1 – 3.

［55］ Masanori Ishii, Koji Komiyama. Estimation of uncertainty of calibration for loop antenna by three – antenna method using automatic network analyzer ［C］//ARFTG Conference, 2006.

［56］ Aykan, Aydin. Calibration of circular loop antennas ［J］. IEEE Transactions on Instrumentation and Measurement, 1998, 47 (2): 446 – 452.

［57］ Masanori Ishii, Koji Komiyama. A measurement method for the antenna factor of small loop antenna by measuring the input impedance ［C］// Precision Electromagnetic Measurements Digest, 2004.

［58］ Masanori Ishii, Koji Komiyama. A simple method by measuring the impedance for evaluation of magnetic antenna factor of a loop antenna ［J］. IEICE Electronics Express, 2006, 3 (5): 92 – 96.

［59］ Masanori Ishii, Koji Komiyama. Impedance method for a shielded standard loop antenna ［J］. Instrumentation and Measurement, IEEE Transactions on, 2007, 5 (2): 422 – 425.

［60］ Masanori Ishii, Yozo Shimada. A calibration method for small circular loop antennas using a standard loop antenna and vector network analyzer in low-frequency band ［C］. International Symposium on Electromagnetic Compatibility – emc Europe. IEEE, 2009.

［61］ Masanori Ishii, Yozo Shimada. Reference calibration methods for small circular loop antenna in low – frequency band ［J］. IEEE Transactions on Instrumentation and Measurement, 2009, 58 (4): 1097 – 1103.

［62］ 潘启军, 马伟明, 赵治华, 等. 磁场测量方法的发展及应用 ［J］. 电工技术学报, 2005, 20 (03): 7 – 13.

［63］ 肖保明. 瞬态弱磁场测量系统的研究 ［D］. 北京: 华北电力大学, 2004.

［64］ 谢彦召. 架空线缆和线缆网络的电磁脉冲响应研究 ［D］. 北京: 清华大学, 2005.

［65］ IEEE Std 1309 – 2005, 1309 – 2013 – IEEE Standard for Calibration of Electromagnetic Field Sensors and Probes (Excluding Antennas) from 9 kHz to 40 GHz ［S］. IEEE, 2013.

［66］ Motohisa Kanda. Standard probes for electromagnetic field measurements ［J］. IEEE Transactions on Antennas and Propagation, 1993, 41 (10): 1349 – 1364.

［67］ Motohisa Kanda. Standard antennas for electromagnetic interference measurements and methods to calibrate them [J]. IEEE Transactions on Electromagnetic Compatibility, 1994, 36 (4): 261 – 273.

[68] Fotis G P, Gonos I F, Stathopulos I A. Measurement of the magnetic field radiating by electrostatic discharges using commercial ESD generators [J]. Measurement Elsevier, 2006, 39: 137 – 146.

[69] Masanori Ishii, Koji Komiyama. A measurement method for the antenna factor of small loop antenna by measuring the input impedance [C]. Conference on Precision Electromagnetic Measurements, 2004.

[70] Masanori Ishii, Koji Komiyama. A simple method by measuring the impedance for evaluation of magnetic antenna factor of a loop antenna [J]. IEICE Electronics Express, 2006, 3 (5): 92 – 96.

[71] 曹荣刚, 邹军, 袁建生. 脉冲功率电源辐射电磁场测量与分析 [J]. 强激光与粒子束, 2009, 21 (9): 1426 – 1430.

[72] 周璧华, 陈彬, 石立华. 电磁脉冲及其工程防护 [M]. 北京: 国防工业出版社, 2003.

[73] 谢彦召, 王赞基, 王群书, 等. 基于频域幅度谱数据重建电磁脉冲时域波形 [J]. 强激光与粒子束, 2004, 16 (3): 320 – 324.

[74] 谢彦召, 刘顺坤, 孙蓓云, 等. 电磁脉冲传感器的时域和频域标定方法及其等效性 [J]. 核电子学与探测技术, 2004, 24 (4): 395 – 399.

[75] Marshall R A, 王莹. 电磁轨道炮的科学与技术 [M]. 北京: 兵器工业出版社, 2006.

[76] 李立毅, 李小鹏. 电磁发射的历史及发展趋势 [J]. 微电机, 2004, 37 (1): 41 – 44.

[77] 王莹. 电发射技术概论 [J]. 电工技术杂志, 2003 (10): 94 – 97.

[78] 韩旻. 脉冲功率技术基础 [M]. 北京: 清华大学出版社, 2005.

[79] 王莹, 肖峰. 电炮原理 [M]. 北京: 国防工业出版社, 1995.

[80] Tower M H, Farris L X, Haight C H. Electromagnetic launched projectile compatibility [J]. IEEE Transactions on Magnetics, 1986, 22 (6): 1772 – 1775.

[81] Marco Angeli, Ermanno Cardelli, et al. Numerical techniques in electromagnetic compatibility – oriented design of rail launchers operating with plasma armatures [J]. IEEE Transactions on Magnetics, 1997, 33 (1): 208 – 212.

［82］ McNab I R, Fish S, Stefani F. Parameters for an electromagnetic naval rail-gun ［J］. IEEE Transactions on Magnetics, 2001, 37 (1): 223 –228.

［83］ Marshall R A. Railgunnery: Where have we been? Where are we going? ［J］. IEEE Transactions on Magnetics, 2001, 37 (1): 440 –444.

［84］ Fair H D. Progress in electromagnetic launch ［J］. IEEE Transactions on Magnetics, 2007, 43 (1): 93 –98.

［85］ Wang Ying, Ren Zhaoxing. EML technology research in China ［J］. IEEE Transactions on Magnetics, 1999, 35 (1): 44 –46.

［86］ Li Jun, Zou Jiyan, Wang Ying. Overview of the electric launch technology program in China ［J］. IEEE Transactions on Magnetics 2001, 37 (1): 37 –38.

［87］ Li Yiming. Review of EMC practice for launch vehicle systems ［C］// IEEE International Symposium on Electromagnetic Compatibility, 1988.

［88］ Rose M F. Compact capacitor powered railgun systems ［J］. IEEE Transactions on Magnetics, 1986, 22 (6): 1717 –1721.

［89］ Emil Spahn, Guenther Buderer, Francis Hatterer. Compact 50 kJ pulse forming unit, switched by semiconductors ［J］. IEEE Transactions on Magnetics, 1995, 31 (1): 78 –83.

［90］ 李菊香. 基于 B – dot 探针的轨道炮电枢位置测量及研究 ［J］. 火炮发射与控制学报, 2014, 35 (2): 40 –44.

［91］ 于洋. 电磁炮膛内电枢测速系统设计 ［J］. 四川兵工学报, 2011, 32 (6): 43 –46.

［92］ 曹昭君, 何俊佳, 王子建, 等. 电磁发射中固体电枢的磁探针测速方法研究 ［J］. 高电压技术, 2006, 32 (6): 56 –59.

［93］ Masanori Ishii, Koji Komiyama. A simple method by measuring the impedance for evaluation of magnetic antenna factor of a loop antenna ［J］. IEICE Electronics Express, 2006, 3 (5): 92 –96.

［94］ Cao Ronggang, Li Jun, Jiao Qingjie, et al. Analysis and measurement of transient currents in railgun with loop probes ［J］. IEEE Transactions on Plasma Science, 2013, 41 (5): 1479 –1483.

［95］ Cao Ronggang, Li Jun, Jiao Qingjie, et al. Measure variation of magnetic field waveforms above rails of a railgun during launching period ［J］. IEEE Transactions on Plasma Science, 2013, 41 (5): 1475 –1478.

［96］ 理查德·埃斯特里·马歇尔, 王莹. 电磁轨道炮的科学与技术 ［M］.

北京: 兵器工业出版社, 2006.

[97] 周媛, 严萍, 袁伟群, 等. 电磁轨道发射装置中导轨几何参数对电感梯度的影响 [J]. 电工电能新技术, 2009, 28 (3): 23 –27.

[98] Lin J, Zou J, Wang Y. Overview of the electric launch technology program in China [J]. IEEE Transactions on Magnetics, 2001, 37 (1): 37 –38.

[99] Mccoubrey A O. The continuing vitality of electromagnetic measurements [J]. Instrumentation & Measurement IEEE Transactions on, 1976, IM – 25 (4): 284 –285.

[100] Li J, Li S, Liu P, et al. Design and testing of a 10 – MJ electromagnetic launch facility [J]. IEEE Transactions on Plasma Science, 2011, 39 (4): 1187 –1191.

[101] Angeli M, Cardelli E, Esposito N, et al. Numerical techniques in electromagnetic compatibility – oriented design of rail launchers operating with plasma armatures [J]. IEEE Transactions on Magnetics, 1997, 33 (1): 208 –212.

[102] Fu Yapeng, Gao Cheng, Zhu Hui. The influence of sensors structure on measurement accuracy of pulse electric fields [J]. 2017 IEEE 5th International Symposium on Electromagnetic Compatibility (EMC – Beijing), 2017: 1 –3.

[103] Kong X, Xie Y Z, Li Q, et al. Development of one – dimensional norm detector for nanosecond – level transient electric field measurement [J]. IEEE Transactions on Electromagnetic Compatibility, 2017, 59 (4): 1035 –1040.

[104] Stefan Moench, Philipp Hillenbrand, Philipp Hengel, et al. Pulsed measurement of sub – nanosecond 1000 V/ns switching 600 V GaN HEMTs using 1.5 GHz low – impedance voltage probe and 50 Ohm scope [J]. 2017 IEEE 5th Workshop on Wide Bandgap Power Devices and Applications (WiPDA), 2017: 132 –137.

[105] Myers S, Zapata – Ramos R. Application of W – band, doppler radar to railgun velocity measurements [J]. Procedia Engineering, 2013, 58: 369 –376.

[106] Rojas – Moreno M V, Robles G, Tellini B, et al. Study of an inductive sensor for measuring high frequency current pulses [J]. IEEE Transac-

tions on Instrumentation and Measurement, 2011, 60 (5): 1893 – 1900.

[107] Drexler P, Fiala P. Methods for high – power EM pulse measurement [C] // International Waveform Diversity & Design Conference. IEEE, 2006.

[108] Osmokrovic P, Arsic N, Lazarevic Z, et al. Numerical and experimental design of three – electrode spark gap for synthetic test circuits [J]. IEEE Transactions on Power Delivery, 1994, 9 (3): 1444 – 1450.

[109] Foroozesh A, Hakkak M, Jedari E. An improved configuration of symmetrical two – coaxial feeder for use in short electromagnetic pulse measurements [C] // Antennas & Propagation Society International Symposium. IEEE, 2002.

[110] Liu Y, Lin F, Zhang Q, et al. Design and construction of a rogowski coil for measuring wide pulsed current [J]. IEEE Sensors Journal, 2010, 11 (1): 123 – 130.

[111] Ferrero R, Marracci M, Tellini B. Current distribution measurements in rail launcher multibrush armatures during launch [J]. IEEE Transactions on Instrumentation & Measurement, 2013, 62 (5): 1138 – 1144.

[112] Ferrero R, Marracci M, Tellini B. Uncertainty analysis of local and integral methods for current distribution measurements [J]. IEEE Transactions on Instrumentation and Measurement, 2013, 62 (1): 177 – 184.

[113] Yang K S, Kim S H, Lee B, et al. Electromagnetic launch experiments using a 4.8 – MJ pulsed power supply [J]. IEEE Transactions on Plasma Science, 2015, 43 (5): 1358 – 1361.

[114] Cao Ronggang, Li Jun, Jiao Qingjie, et al. The measurement and analysis of pulsed current waveforms with moving conductors using a loop probe [J]. Computer Engineering & Science, 2012.

[115] An S, Lee B, Bae Y, et al. Numerical analysis of the transient inductance gradient of electromagnetic launcher using 2 – D and 3 – D finite – element methods [J]. IEEE Transactions on Plasma Science, 2017: 1 – 4.

[116] Basheer I. Artificial neural networks : fundamentals, computing, design, and application [J]. Journal of Microbiological Methods, 2000, 43 (1): 3 – 31.

[117] Xudong W. The theory of RBF neural network and its application in control [J]. Information & Control, 1997.

[118] Guangxing Q, Dongwen C. Application of RBF and GRNN neural network model in the urban water forecast [J]. Journal of Water Resources & Water Engineering, 2012.

[119] Gee R M, Persad C. The response of different copper alloys as rail contacts at the breech of an electromagnetic launcher [J]. IEEE Transactions on Magnetics, 2001, 37 (1): 263 – 268.

[120] 李军, 严萍, 袁伟群. 电磁轨道炮发射技术的发展与现状 [J]. 高电压技术, 2014, 40 (4): 1052 – 1064.

[121] 曹荣刚, 苏明, 李士忠, 等. 脉冲大电流高速滑动电接触下轨道槽蚀现象的总结与分析 [J]. 高电压技术, 2016, 42 (9): 2822 – 2829.

[122] Cao R G, Li S Z, Su M. Improvement of a low – cost combined fitting method for the armature speed and the rail current measurement [J]. IEEE Transactions on Plasma Science, 2017: 1 – 9.

[123] Yigang S. A useful method for the training of radial basis function neural networks [J]. Journal of Harbin Institute of Technology, 1997.

[124] 魏海坤, 徐嗣鑫, 宋文忠. 神经网络的泛化理论和泛化方法 [J]. 自动化学报, 2001, 27 (6): 806 – 815.

[125] Wu Yan, Zhang Liming. A survey of research work on neural network generalization and structure optimization algorithms [J]. Application research of computers, 2002, 19 (6): 21 – 23.

[126] 曹荣刚, 邹军, 袁建生. 脉冲功率电源辐射电磁场测量与分析 [J]. 强激光与粒子束, 2009, 21 (09).

[127] Cao R G, Li J, Jiao Q J, et al. Measure variation of magnetic field waveforms above rails of a railgun during launching period [J]. IEEE Transactions on Plasma Science, 2013, 41 (5): 1475 – 1478.

4

系统内膛损伤诊断与测试

　　电磁轨道发射器在发射过程中，脉冲大电流高速滑动电接触产生的各种损伤都会在轨道内膛留下不同的物理特征和现象，对轨道内膛形态的测量测试和研究分析，是分析各种损伤物理机理、解决损伤问题、评估发射器使用寿命的重要手段。同时狭长腔体内膛轮廓的测量研究对于火炮身管寿命评估、各种管道损伤探测等也具有重要的参考意义。

4.1　内膛损伤

　　电磁轨道炮的发射过程是脉冲大电流高速滑动电接触的过程，弹丸出炮口速度达到数千米每秒，其在轨道内膛的加速运动过程所处的环境十分恶劣。弹丸在轨道炮膛内加速运动的过程中，电枢在轨道中处于瞬态大电流、强磁场、高速滑动等极端条件下的工作状态。电枢沿轨道滑动电接触的起始阶段、加速阶段和从炮口分离的全过程伴随有电枢熔蚀和轨道的槽蚀、刨削、转捩等变化过程。这些恶劣条件[1]对发射器内膛都可能造成不可逆转的损伤。在单次发射过程中，脉冲大电流高速滑动电接触过程所造成的损伤都会在内膛留下不同的物理特征和现象，所以在轨道炮连续发射时，轨道损伤形变严重影响弹丸初速精度和轨道寿命。

　　槽蚀是高温条件下材料热软化以及高应力条件下材料屈服变形引起的[2]。槽蚀现象主要出现在发射前半段，随着温度升高，电枢熔化，槽蚀坑会发生延展。延展槽蚀形成机理有两种解释：一种是熔铝夹杂固态铝冲刷轨道形成槽蚀；一种是熔铝与轨道的铜材料形成共晶液，冲刷轨道形成槽蚀。槽蚀现象有累积效应，在Watt[3]等所做的多次发射条件下的轨道槽蚀分析试验中，随着发射次数的增多，同一位置处的槽蚀坑会越来越深[4,5]。

刨削也是电磁轨道器发射过程中产生的一种典型的轨道损伤[6]。在电磁轨道发射器发射过程中，电枢紧贴轨道滑动，在宏观上表现为高速滑动电接触过程，而在微观上则表现为瞬态的局部高强度横向载荷作用过程。该微观过程极易在轨道表面产生不同剪切作用形成刨坑，从而破坏轨道的完整性，这一过程称为刨削。影响轨道刨削现象的主要因素有：发生刨削时电枢的最小速度，滑动副材料的密度、硬度、屈服强度，枢轨接触面的高温特性等。

电弧烧蚀[7,8]是电磁轨道发射器在发射电枢的过程中，固体电枢和轨道内膛接触界面状态由固体－固体或固体－液体－固体电接触转化为固体－等离子体－固体电接触的现象。出现电弧烧蚀的主要原因是电枢和轨道之间的接触状态劣化，导致电枢轨道间发生高温等离子体放电，在周围磁场的作用下，电磁力会向轨道中心区域压缩等离子体，等离子体放电区域靠近电枢轨道表面处电磁力最强，使得轨道烧蚀蒸发物高速喷向电枢轨道间隙，瞬间电弧聚集的高温烧蚀了电枢和轨道表面，使得轨道严重损伤变形。

在连续发射时，轨道在上述极端工作环境下其内表面极易受损，由此造成的内膛损伤和变形会严重降低弹丸初速精度和轨道使用寿命。为了解决轨道寿命和实现轨道炮的连续发射问题，通过对轨道发射器内膛表面的损伤和横剖面形变进行分析研究的途径，为电磁轨道发射器装配研制、寿命评估以及发射器内膛工作状态检测等工作提供重要的诊断分析手段，有利于脉冲大电流高速滑动电接触理论分析工作，有助于推动电磁轨道发射技术工程化应用与发展。

4.2 损伤诊断

对于电磁轨道发射器内膛轮廓表面形态扫描而言，大致可以分为机械接触测量和光学测量两类。

①机械接触式。目前已有的机械接触式表面轮廓扫描仪采用的是接触式的压力传感器，通过对内膛表面的直接接触测量得到内膛的轮廓形状。其装置基于机械接触的可伸缩的探针，沿着被测物体内表面移动，通过探针伸缩的相对位移测量得到物体表面形态信息。使用该方法测量需要基准面，现有的商用表面轮廓测量仪器通常对被测试测量的对象尺寸有要求且结构复杂，使用时的限制条件较多。

②光学测量式。早期的光学方法测量内膛轮廓[9~18]时多利用激光三角测量法，测量装置以二维位置传感器和激光器作为基本元器件，测量适于微细管道及深孔的三维重建系统。例如在管道测量、传统火炮内膛测量等场合，该种系统主要由管道机器人、形貌检测器和曲率检测器等部分组成。形貌检测器可以采集管道内壁截面信息，并计算出截面上的点在局部坐标系中的位置。曲率检测器负责管孔中心轴线在检测器采样位置处的局部几何性质，并完成管道中轴线的构建，进而可以实现管道内表面的三维重建。

目前国内还没有基于激光 2D/3D 扫描的面向电磁轨道炮内膛测量的专用测量仪器。针对传统火炮，非接触测量方法中的光学测量法因其测量精度高、装置简单而有着广泛的应用。在基于激光位移传感器的测量方案中，身管的测量一般是由定心传动部分、激光测量部分和机械传动部分三部分组成。两种典型的内膛测量方法一种是采用外部机床底座作为基准面，通过伸缩推进的悬臂梁定心机构推进测量装置完成测试；另一种基于传统火炮内轮廓为圆柱形结构特点，采用多爪定心机构对测量装置进行定心，通过弹性收缩装置将测量机构固定在身管中轴线位置。以上两种传统火炮内膛轮廓的测量在实际中均有工程化应用。由于悬臂梁挠度的影响，悬臂梁定心方式测量装置配置复杂，测量纵向深度浅，难以适应小口径长量程的内轮廓测量。由于多爪定心机构受炮身变形和测量振动误差影响，测量误差难以消除。

本章采用光学测量方法检测内膛形貌，对于内膛轮廓测量的光学方法有摄像法[19~23]、激光投影法[24~26]和激光三角法等[27~31]。摄像法的基本原理是通过 CMOS 或者 CCD 摄像头捕获光源在与管道轴线垂直方向产生的结构光圈图像信息，利用光强在不同位置的差异性，判断物体的表面情况。激光投影法是利用球面全反射镜将管道内周向 360°图像信息直接反射到中心摄像机进行测量；激光束从仪器发出，在目标表面反射后，最后通过透镜收集成像；该透镜通常位于激光发射器附近。

4.3 损伤诊断测试

内膛损伤诊断系统分为内膛图像采集系统、内膛轴向测距系统和上位机重构计算软件系统。内膛图像采集系统采集到内壁及缝隙的图像信息后经轴向测距系统定位，再经存储系统和通信模块将数据存储并发送至上位机，通过上位机后续的处理，即可在电脑上生成内壁及缝隙连续的图像。

4.3.1　内腔角

4 个微距摄像头采集绝缘体与轨道交接处的图像（利用镜面反射），镜头处使用 LED 照明。在下位机上存储并将数据通过无线或有线方式传输到上位机。图 4 - 1 所示为采集系统的原理。

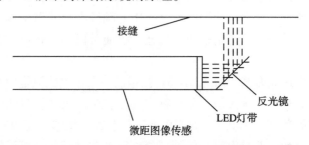

图 4 - 1　微距探测图像采集系统原理

4.3.2　内腔面

4 个或 8 个高清摄像头采集电磁轨道发射器内膛 4 个面的图像，内膛照明使用 LED 灯带。在下位机上存储并将数据通过无线方式传输到上位机。图 4 - 2 所示为采集系统的原理。

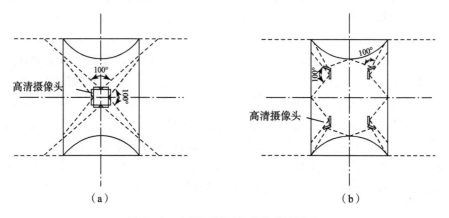

（a）　　　　　　　　　　　　　（b）

图 4 - 2　中距探测图像采集系统原理

（a）4 相机方案；（b）8 相机方案

若采取 8 相机方案，则需要建立 4 个多目立体视觉系统。多目立体视觉就是使用两个摄像机对同一个物体进行图像的采集，最后根据图像的视差来计算物体的空间坐标。

首先需要进行双目摄像头的标定。设全局坐标任意一点 $W = [X, Y,$

$Z]^\mathrm{T}$ 在图像平面上映射的点为 $m=[u,\ v]^\mathrm{T}$，则两个的投影关系为

$$[u\quad v\quad 1]^\mathrm{T}=P[X\quad Y\quad Z\quad 1]^\mathrm{T}\qquad(4-1)$$

式中，P 是 3×4 的投影矩阵，可表示为 $P=A[R\quad T]$。其中 R 为 3×3 旋转矩阵，T 是平移矢量，这两个参数是双目视觉的外部参数，一个是位置，一个是方向，这样就能确定其在全局坐标的位置；A 表示内部参数矩阵，可以用下式表示：

$$A=\begin{pmatrix}f_u & \gamma & u_0\\ 0 & f_v & v_0\\ 0 & 0 & 1\end{pmatrix}\qquad(4-2)$$

式中，$(u_0,\ v_0)$ 为图像中心点坐标；$f_u=fk_u$，$f_v=fk_v$ 是以水平、垂直像素单位表示的焦距长度；γ 为倾斜因子。

通过对双目摄像头的标定，对其图像进行畸变校正。在立体视觉系统中，由于双目摄像头的镜头精度不高，为了提高其得到的图像精度，需要对其径向和切向同时进行畸变校正。

4.3.3　内膛轮廓

本书中所介绍的内膛轮廓图像采集装置采用激光三角法的基本测量原理是实现剖面轮廓位置信息测量和成像。图 4-3 所示为激光三角法的基本测量原理，其中 f_1 是像距，f_2 是物距，L_1 是实际图像传感器成像高度（像高），L_2 是物体表面距离激光发生器中轴线的高度（物高）。根据基本透镜成像原理，可以得到公式：

$$\tan\theta=\frac{L_1}{f_1}=\frac{L_2}{f_2}\qquad(4-3)$$

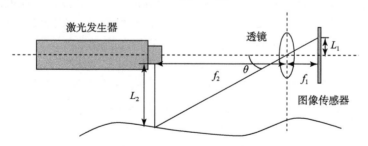

图4-3　激光三角法基本测量原理

对于特定的测量位置和固定焦距的镜头组，像距 f_1 和物距 f_2 不变。根据式（4-4），当获得 L_1 的数值时，可以计算出物体高度 L_2，图像传感器上像高 L_1 可以反映出物体尺寸的大小，从而获得发射器内膛表面的深度信息。

$$L_2 = \frac{L_1 \times f_2}{f_1} \tag{4-4}$$

4.3.4 基准系统

内膛测距基准系统的作用是获得采集图像的空间位置信息。空间位置信息包括轴向偏移量、切向偏移量和偏转角度。测距系统使用激光测距模块，单路或双路测距。测距范围为 0.03 ~ 50 m，测量精度为 ±1 mm，并通过程序给输出的距离数据打上时间戳。图 4-4 所示为内膛轴向测距系统原理。

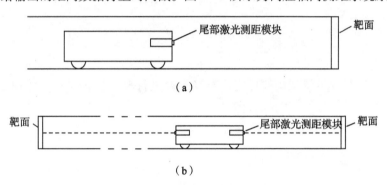

图 4-4 内膛轴向测距系统原理
(a) 单路测距；(b) 双路测距

整个内膛轮廓测量系统在抓取轮廓图像时必须建立统一的坐标体系，内膛测距基准系统分为两部分测量，一部分为测量轴向位移量的轴向测距系统，另一部分为测量切向偏移量和偏转角度的全局基准校对系统。

1）轴向测距系统

内膛轴向测距的目的是获得测量的位置信息。激光测距不能同时满足高精度且长距离的测量要求，因此需要进行分段测量。在试验条件下，固定锥形激光发生器，通过行进测量装置进行不同位置信息的测量。

图 4-5 所示为装置的轴向测量系统示意图，光源机构将一束汇聚激光光束打在测量机构尾部的测距 CMOS 上，实时测量激光打在测距 CMOS 上的光斑，此时光斑为椭圆形（激光与靶面不垂直）。

CMOS 靶面的大小为 1/2 in，每一个像素为 5.2 μm，通过初始化设置后行列的像素为 1 000 × 1 000，锥形激光发生器的最大光斑为 5 mm，要求测量精度为 0.2 mm 时，由式 (4-5) 可以得到测量机构每次最远理论前进距离：

$$l = \theta \times p_c \tag{4-5}$$

式中，θ 为要求测量精度，p_c 为行像素值。

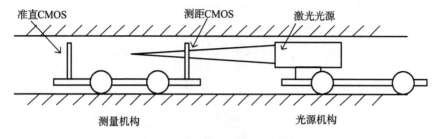

图 4 - 5　轴向测量系统示意图

图 4 - 6 所示为轴向测量系统角度测量示意图。实际测量中，锥形中轴线与测量装置中轴线有一定的偏角 α。测量所得的椭圆光斑图短轴 a 的大小为理想截面的半径，长轴 b 的大小为实际截面的半径。由下列公式可以得到偏移角度 α：

$$B = \frac{\pi}{2} + \frac{\varphi}{2} \qquad (4-6)$$

$$b^2 = a^2 + c^2 - 2ac\cos B \qquad (4-7)$$

$$a^2 + b^2 - c^2 = 2ab\cos\beta \qquad (4-8)$$

$$\alpha = \beta \qquad (4-9)$$

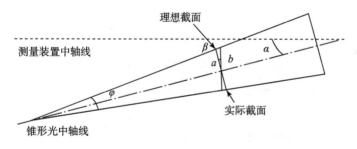

图 4.6　轴向测量系统角度测量示意图

其中，角度 B 和边长 c 为理想截面，即实际截面和锥形光斜边围成的三角形中边长 b 所对应的角度以及角度 β 所对应的边长。由两个相邻的测量光斑的短轴 a，可以得到装置在锥形光中轴线上的位移 x，再根据偏移角度 α，由式（4 - 10）便可以计算出系统在测量装置中轴线上的位移情况，即轴向位移量 l。

$$l = x\cos\alpha \qquad (4-10)$$

2）全局基准校对系统

全局基准校对系统为整个测量装置提供位置偏移量和角度偏移量。对于角度的偏移量，在理想状态下全局基准 CMOS 捕获的光斑图为正圆，但在实际中由于平行光源与 CMOS 传感器不是完全垂直，此时会有一定的倾角 θ，CMOS 中捕获的光斑为椭圆。根据椭圆的长轴 a 与短轴 b 便可以计算出偏转角度 θ。根据图 4 – 7 全局基准校对系统角度偏转测量，可以得到偏转角 θ：

$$\cos\theta = b/a \qquad\qquad (4-11)$$

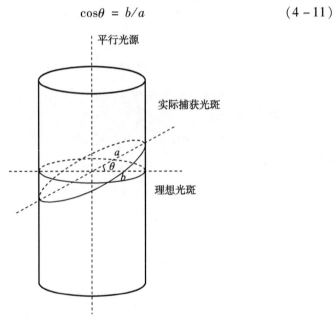

图 4 – 7　全局基准校对系统角度偏转测量

由偏转角度 θ 和位置偏移量，可以绘制出测量装置三维轨迹图，并为轴向测距和轮廓还原提供基准。对于装置位移的偏移量，根据 CMOS 光斑中心点的移动轨迹来确定水平与垂直两个方向上的位置变化量。

4.3.5　执行机构

步进电动机带动测试仪运动，且需要程序介入传动机构，故选用步进电动机作为动力装置。选择两相四线步进电动机，对其控制可采用八拍的控制方式和四拍的控制方式。步进电动机控制行进 1 cm/s，测量周期大约在 20 min。

4.3.6　校准装置

针对内膛轮廓测量系统的设计，为了获得高精度的测量结果，达到预期的测量目标，需要对整个内膛测量系统进行校准工作。在图像抓取过程中，由于镜头的原因，在图像的边缘部分会产生畸变，这些畸变将导致图像出现不同程度的变形和失真。

成像的过程实质上是几个坐标系的转换。首先空间中的一点由世界坐标系转换到照相机坐标系，然后再将其投影到成像平面（图像物理坐标系），最后再将成像平面上的数据转换到图像平面（图像像素坐标系）。

镜头的畸变包括沿透镜半径方向分布的径向畸变和由于透镜本身与相机传感器平面不平行产生的切向畸变。对于该镜头的畸变校正，以标准的 12×9 的氧化铝标定板作为拍摄对象，其中每个方格的大小为 15 mm。从不同角度，同一焦距拍摄条件下拍摄 20 张照片作为校正原始图片，经过 Matlab 计算后得其镜头校正参数[32]。

根据图像校正的数学公式，其中 $r^2 = x^2 + y^2$：

$$x' = x(1 + k_1 r^2 + k_2 r^4) + 2p_1 xy + p_2(r^2 + 2x^2) \qquad (4-12)$$

$$y' = y(1 + k_1 r^2 + k_2 r^4) + 2p_2 xy + p_1(r^2 + 2y^2) \qquad (4-13)$$

式中，x 和 y 是没有畸变的情况下像素坐标的中间值，x' 和 y' 是畸变后像素坐标的中间值，通过这两个关系式可以得到畸变前后像素点的对应关系。得到畸变前后像素关系后，再通过焦距和光学几何中心的定位便可以得到畸变图形的坐标 (u_d, v_d)。

$$u_d = f_x x' + c_x \qquad (4-14)$$

$$v_d = f_y y' + c_y \qquad (4-15)$$

但此时 u_d 和 v_d 往往不是整数，因此需要进行插值处理，得修正之后的实际像素坐标点。

图 4-8 所示分别为经校正前后的畸变标定板。

图 4-8 校准前后的标定板图片

(a) 校准前；(b) 校准后

由图 4-8 可以看出，经过校准之后，镜头畸变对图片的影响可以得到有效的抑制，在图片边缘处的标定板黑白格得到了还原。将轮廓抓取校正前后的图像进行对比可以得到图 4-9。

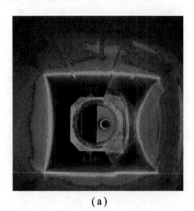 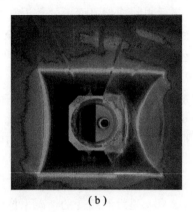

(a)   (b)

图 4-9　畸变修正对比图

(a) 畸变原图像；(b) 校正后图像

4.4　实验室测量

在实验室条件下利用实验验证测量装置对 3D 打印的模拟发射器内膛进行测量，包括表面形貌装置测量和内膛轮廓测量装置的测量。通过对实验结果进行数据处理与图像分析，进而为未来发射器内膛的测量提供参考依据。

4.4.1　验证装置

通过对整个测量系统装配与调试，在实验室条件下对模拟发射器内膛进行测量。测量对象为 3D 打印模拟轨道，其打印精确度为 0.1 mm。模拟轨道材料为白色树脂，实际轨道材料为铜，二者皆为不透光材料，且摩擦系数都比较大。对于实验验证，测量装置通过步进电动机可以按预设程序在内膛行走，同时光线经模拟轨道反射后通过透镜可以很好地在图像传感器上成像。模拟轨道四面分别为一个垂直面、两个弧度不同的弧面以及一个凹凸面。轨道内壁水平距离为 102 mm，垂直距离为 100 mm。

图 4-10 所示为内膛轮廓测量的硬件设计总体结构，剖面结构光测量系统测得内壁轮廓图形数据后经全局基准系统与轴向测量系统的校正与定位，得到真实位置轮廓数据，再经过存储和通信模块将获得的数据进行存储并发送给上位机，通过上位机后续的绘图处理算法，即可生成最终内膛轮廓形貌信息。

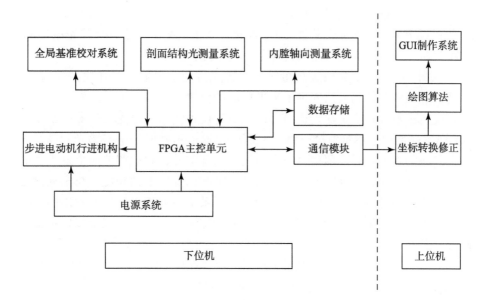

图 4 – 10 总体设计结构

图 4 – 11 所示为内膛轮廓测量系统装置，该装置由 3D 打印制成，采用的材料为光敏树脂和玻璃纤维两种材料。光敏树脂适合制作精度高、表面光滑、易装配的零部件，同时光敏树脂材料成本低，因此装置的主体部分基本都由光敏树脂组成。

图 4 – 11 内膛轮廓测量系统装置

4.4.2 验证测量

在内膛轮廓测量装置中，激光发生器车载部分跟轮廓图像抓取部分连接处为空心的半圆柱形亚克玻璃。测量时光线穿过连接部分在底部或者顶部进入 CMOS 传感器中。由于透明的亚克力玻璃透光率底、杂质多、容易散光等，在测量内膛全部轮廓形貌时，该方案下每次测量只能得到一半的精确形貌数据。当测完一遍时，转动连接管重新测量，从而获得全部的形貌信息。

　　实验室条件下测量模拟轨道，为了模拟实际轨道的测量状态，将整个装置置于无光源地方，装置与 PC 连接。待数据测量完成后，首先通过 PC 的显示，初步验证测量结果的质量，然后再后续处理。

　　图 4-12 所示为内膛测量实验。首先将测量仪器安装在模拟轨道内，通过弹性伸缩机构大致固定于水平中心的位置。然后将平行光发生器与锥形光发生器分别固定在轨道前后，调节其位置使两个激光发生器中轴线与 CMOS 靶面中心尽量重合。由于 CMOS 图像传感器属于精密感光元件，被大功率的激光长时间照射可能会损坏其内部器件，因此调节两个发生器的光斑亮度，使其亮度刚好达到可以被 CMOS 捕捉图形的亮度。与全局测量系统中的激光发生器不同的是，轴向测距系统中的激光发生器发出的光线为锥形激光，距离可调。安装完成后启动测量装置。由于测量装置中部连接部分对测量结果会产生影响，因此测量成功后，连接管翻转二次测量。每次测量时都会得到全局基准 CMOS、轮廓抓取 CMOS 和轴向测距系统的三幅图片，如图 4-13、图 4-14 和图 4-15。

图 4-12　内膛测量实验

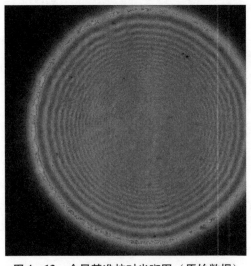

图 4-13　全局基准校对光斑图（原始数据）

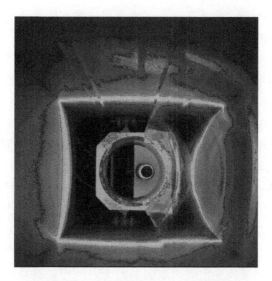

图 4-14 内膛轮廓抓取图（原始数据）

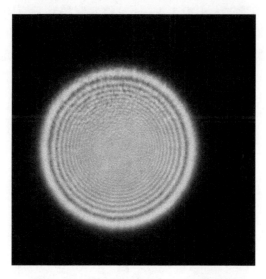

图 4-15 轴向测距光斑图（原始数据）

4.4.3 数据分析

根据第 2 章第 1 节中测量原理的介绍，整个实验测量基于激光三角法，通过给出的公式可以计算得到每个像素点对应的实际大小。每一个像素点大小为 5.4 μm，测量时像平面的大小为 580 个像素点，即实际像大小为 3.13 mm，激光发生器与透镜的轴向距离为 174 mm，模具的大小为

102 mm，可以得到固定焦距下每个像素点对应的实际大小为 0.18 mm，意味着在该焦距下图片的最小分辨率大小为 0.18 mm。

图 4-13 所示为全局基准系统中 CMOS 抓取的全局基准校对光斑图。装置测量过程中平行光源固定不动，测量装置将每次测量得到的光斑图保存下来，通过上位机处理后会得到装置前后测量过程中的相对偏移，即可绘制出装置的轨迹图。

在上位机处理过程如下：将全局基准 CMOS 抓取的灰度图转为二值图，通过形态学处理连接断开的像素点，如果某个像素点零周围有两个非零的连通区域像素，则一般默认为 8 连通，将 0 值变为 1。然后再将图像中封闭的区域填充为 1 值，这样基本得到一个规则的圆形光斑且只有少许的噪声。紧接着通过先腐蚀后膨胀的操作去除掉噪声，得到基准测量的理想图形。

对于全局基准 CMOS 的位置偏移，通过每次测量得到的光斑图计算光斑中心坐标，得测量装置轮廓抓取前后的 CMOS 中心移动轨迹如图 4-16 所示。图中基准光斑中心像素点坐标值的移动轨迹最大差值为 105 个像素点，由于每一个像素点大小为 5.4 μm 可得实际偏移垂直距离为 567 μm，即 0.57 mm。根据前文所述，在以往身管测量过程中，准直定心机构多为车床定心或者多抓定心机构。本设计根据应用背景，在多抓定心机构上添加全局基准系统。由测量数据可以得出多爪定心机构可以使测量装置在测量过程中基本保持在中心线上，准直 CMOS 可以实现对测量偏移量的精确测量。

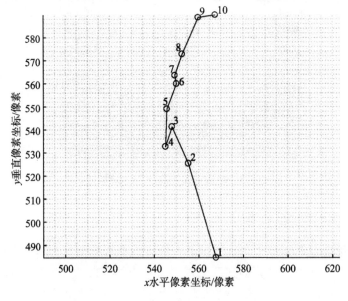

图 4-16　全局基准 CMOS 中心坐标轨迹

计算椭圆光斑的长轴与短轴的值，进而得到装置偏转角度，根据偏转角度将前后多次测量的光斑图像以轮廓抓取装置的中心轴为基准坐标，得三维轨迹图形如图4－17所示。

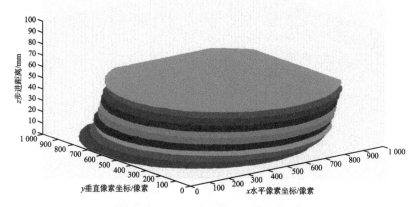

图4－17　全局基准 CMOS 轨迹

基于以上测量原理，为进一步提高系统的准直精度，可以通过将 CMOS 升级为像素总数更高的 CMOS 来实现。理论分析而言，测量的精确度会随着图像传感器像素总数的增加而变高。

将内膛轮廓抓取图形首先以第4章第1小节介绍的方法进行畸变校正处理得畸变校正图像，然后将校正图像的外轮廓提取出来，以第一个像素点为坐标原点，行为 x 轴，列为 y 轴，建立二维直角坐标系，得其二维轮廓坐标图。

图4－18、图4－19均为模拟轨道测量第一圈二维轮廓图。在整个测量装置中，环形激光发生器与内膛轮廓抓取摄像头连接部分为半弧形的空心圆柱，因此每次测量过程中会有一半的遮挡面积。在遮挡的部分由于亚克玻璃的原因，测量结果出现较大的误差，因此被遮挡部分轮廓无须关注，通过两次测量便可以得到某一个截面的完整轮廓信息。

在图4－18中 y 轴大于596的轮廓曲线图形为 CMOS 透过亚克玻璃所抓取的图形，在 y 坐标300~400处有两处凸起，较大的一处实际为2 mm 的凸起，较小的一处实际为1 mm 的凸起。在2 mm 处，其凸起像素个数为12个，根据每个像素大小对应实际距离0.18 mm，得其测量凸起结果为2.11 mm；在1 mm 处，其凸起像素个数为6个，得其测量凸起结果为1.00 mm。

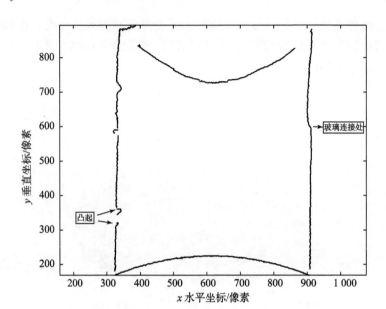

图 4 – 18　模拟轨道二维轮廓图（下半圈）

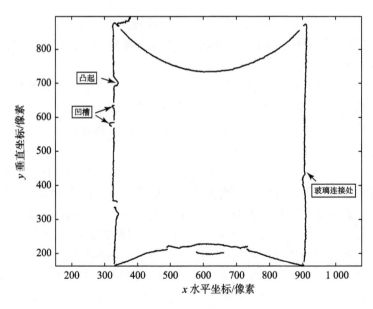

图 4 – 19　模拟轨道二维轮廓图（上半圈）

在图 4 – 19 中，图像有效数据位于玻璃连接处以上部分。由图可知有两个凹槽和一个凸起，其中凸起高度为 2 mm，凹槽深度分别为 1 mm 和 2 mm。其像素个数分别为 13、5 和 13。

在测量过程中无论凸起还是凹槽部分均有一面为倾斜面，其原因是不管凹槽还是凸起对环形激光发生器发出的环形光束均会产生遮挡，从而出现一面倾斜的现象。

根据全局基准校对系统提供的偏移信息，对多次测量的轮廓图进行修正，如图4-20为修正后的模拟轨道三维轮廓图。由图可以很好地看出在前几圈时的凹槽与凸起，在后面几圈测量时模拟轨道弧度较小的弧面变为平面，在图中也可以很好地反映出来。对于图中后几圈出现弧面缺失的情况，原因为，在此处实际测量面已经由弧面变为平面。相对于平面，弧面具有一定的高度，当激光达到平面时由于弧面对光线产生了遮挡，导致反射光线进入不到轮廓抓取的 CMOS 中，因此出现了数据的缺失。

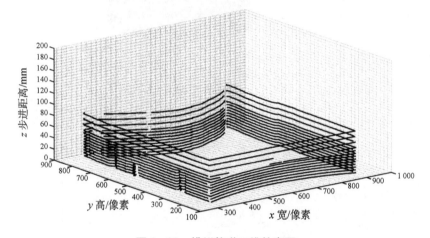

图 4-20　模拟轨道三维轮廓图

图 4-15 是轴向测距系统的光斑图形。对于轴向测距系统关注的部分在于光斑的大小。根据轴向测距系统抓取的椭圆光斑，得长轴与短轴，以此计算系统在测量装置中轴线上的偏移量。

将多次测量的椭圆光斑图形以移动距离为 z 轴建立空间三维图形，如图 4-21 所示。轴向测距系统的目的是进行测距，在实验过程中，一共测量得到 13 圈内膛轮廓图，相对应有 13 张测距光斑图片。其中前 6 次测量每次测量间隔距离为 5 mm，第 6 次到第 7 次和第 7 次到第 8 次测量距离间隔为 2 mm，第 8 次到第 9 次和第 9 次到第 10 次之间的距离间隔为 5 mm，最后三次测量距离间隔为 10 mm。计算测距图像传感器每次测量获得椭圆光斑的短轴，以实验标号为 x 轴，以每次实验获得的短轴为 y 轴建立直角坐标系，得图 4-22 所示轴向测距系统椭圆光斑短轴大小。从理论上分析，以短轴作图的斜率应该和两幅光斑图片的距离成比例，前后测量距离越大，则斜率的绝对值就应该越大。

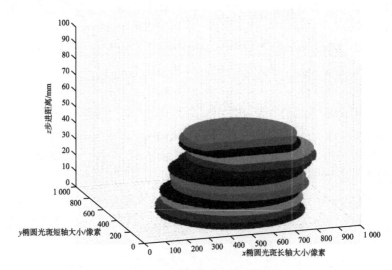

图 4-21　轴向测距系统三维图

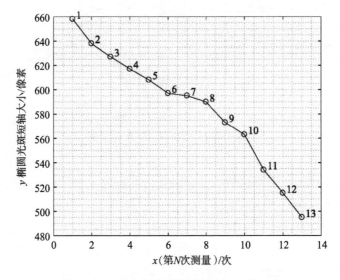

图 4-22　轴向测距系统椭圆光斑短轴大小

　　1 号测量点到 6 测量点，6 测量点到 8 测量点，8 测量点到 10 测量点以及 10 测量点到 13 测量点之间的测量距离不变，因此每个阶段的斜率也应该保持不变，并且因为 1 测量点到 6 测量点之间跟 8 测量点到 10 测量点之间的测量间隔都是 5 mm，因此它们的斜率也应该相同。从图中可以看出，该曲线基本吻合上述的理论分析。在 1 测量点到 6 测量点阶段，因为

1 测量点到 2 测量点之间的斜率明显误差较大，所以将 1 测量点剔除掉，分析 2 测量点到 6 测量点。计算 2 测量点到 6 测量点的斜率 $k = -10$。说明每隔 5 mm，椭圆短轴便会减少 10 个像素点，半径为 5 个像素点，得出轴向距离最小分辨率为 1 mm，即可以分辨整个测量装置轴向移动的最小单位为 1 mm。

以实际轴向移动距离为 x 轴，轴向测距椭圆短轴为 y 轴建立直角坐标系，如图 4-23 所示。图中的斜率表示单位移动距离下椭圆短轴的变化量，由图可得整个曲线的斜率基本保持不变。

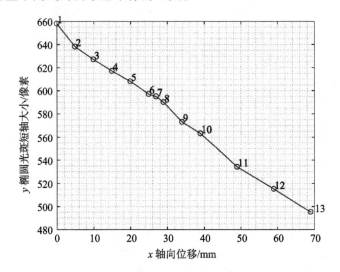

图 4-23 轴向测距系统椭圆光斑短轴变化

在实验测量中，轴向测距系统的最小分辨率为 1 mm，为了提高测量精度，可按以下方法进行改进：

①将 CMOS 升级，使用像素总数更大的图像传感器，图像传感器的像素总数直接决定着分辨率的大小。在相同的位移距离下，高像素的图像传感器直接对光斑的成像划分更为精细，因此分辨率也更小。

②将激光发生器产生光锥束的角度调大。理论上分析光锥束的角度越大，在相同位移距离下反映到图像上是光斑的短轴变化越大。但光锥束角度的增大会导致一次测量距离变短，因此该方法具有一定的局限性。

参 考 文 献

[1] 闫涛，刘贵民，朱硕，等. 电磁轨道材料表面损伤及强化技术研究现

状 [J]. 材料导报, 2018, 32 (01): 135 - 140.

[2] 曹荣刚, 苏明, 李士忠, 等. 脉冲大电流高速滑动电接触下轨道槽蚀现象的总结与分析 [J]. 高电压技术, 2016, 42 (09): 2822 - 2829.

[3] Watt T, Stefani F, Crawford M, et al. Investigation of damage to solid - armature railguns at startup [J]. IEEE Transactions on Magnetics, 2007, 43 (1): 214 - 218.

[4] Stefani F, Merrill R. Experiments to measure melt - wave erosion in railgun armatures [J]. IEEE Transactions on Magnetics, 2003, 39 (1): 188 - 192.

[5] Watt T, Stefani F. The effect of current and speed on perimeter erosion in recovered armatures [J]. IEEE Transactions on Magnetics, 2005, 39 (1): 429 - 434.

[6] 刘峰, 赵丽曼, 张晖辉, 等. 电磁轨道炮刨削的形成机理及仿真分析 [J]. 高压物理学报, 2015, 29 (03): 199 - 205.

[7] Stefani F, Levinson S, Satapathy S, et al. Electro dynamic transition in solid armature railguns [J]. IEEE Transactions on Magnetics, 2001, 37 (1): 101—105.

[8] Haugh D C, Hainsworth G M G. Why C armatures work (and why they don't!) [J]. IEEE Transactions on Magnetics, 2003, 39 (1): 52 - 55.

[9] 甘小明, 徐滨士, 张旭明, 等. 基于微型 CCD 的管道缺陷检测系统 [J]. 机械工程师, 2004 (1): 77 - 79.

[10] 陈奕颖. 管道机器人的发展现状及其趋势 [J]. 科技创新与应用, 2015, (36): 76 - 76.

[11] 常伯慧. 电磁轨道发射弹道图像处理研究 [D]. 燕山大学, 2014.

[12] 张文伟, 张延忻. 基于环形光切图像法的管内壁激光测量系统 [J]. 计量学报, 2001, 22 (4): 284 - 287.

[13] 汤一平, 吴挺, 袁公萍, 等. 适用于管道内形貌检测的 3D 全景视觉传感器 [J]. 仪器仪表学报, 2017, 38 (3): 726 - 733.

[14] Mizunuma M. Deformation detection on the pipe inner wall using a laser-beam scanning displacement sensor [J]. SPIE, 2066, 93: 98 - 105.

[15] Robert W. Laser - optical triangulation systems provide new capabilities for remote inspection of interior surface [J]. Materials Evaluation, 1995, 53 (12): 1338 - 1345.

[16] Inari T. Optical inspection system for the inner surface of a pipe using de-

tection of circular image projected by a laser source ［J］. Measurement, 1994, 13 (2): 99 – 106.

［17］刘云涛. 嵌入式视觉测量系统研究 ［D］. 武汉：武汉理工大学, 2007.

［18］Steuart Iii L P. Digital 3D/360 degree camera system ［M］. EP. 2015.

［19］Alyce M H. Remote visual inspection equipment for quality control ［J］. Medical and Industrial Equipment, 2001, 6: 214 – 216.

［20］马萄, 曹维国, 李明, 等. 基于光学性能参数测试的 CCD 摄像系统设计 ［J］. 长春理工大学学报 (自然科学版), 2009, 32 (3): 370 – 372.

［21］赵深林. 基于 ARM 与 FPGA 的医用内窥镜摄像系统设计 ［D］. 重庆大学, 2012.

［22］赵深林, 田学隆, 廖彦剑, 等. 基于 FPGA 的医用内窥镜摄像系统 ［J］. 激光杂志, 2012, 33 (6): 50 – 52.

［23］宋璐, 卫亚博, 冯艳平. 基于 ARM9 的便携式医用电子内窥镜的设计 ［J］. 电子测量技术, 2011 (12): 73 – 75.

［24］王坚, 任现君, 苏建刚. 基于激光投影法的火炮身管内膛疵病深度测量 ［J］. 中国测试, 2004, 30 (5): 16 – 17.

［25］陈远, 冯华君, 徐之海, 等. 三维激光测量的投影算法 ［J］. 光电工程, 2007, 34 (6): 40 – 43.

［26］郭丽丽, 李丽娟, 乔晓利, 等. 激光 3D 投影高精度校准建模方法 ［J］. 光子学报, 2018, 47 (1): 172 – 179.

［27］王晓嘉, 高隽, 王磊. 激光三角法综述 ［J］. 仪器仪表学报, 2004, 25 (s3): 601 – 604.

［28］郝煜栋, 赵洋, 李达成. 光学投影式三维轮廓测量技术综述 ［J］. 光学技术, 1998 (5): 57 – 60.

［29］刘士兴, 朱妍, 宋亚杰, 等. 基于激光三角法的三维轮廓测量系统研制 ［J］. 实验技术与管理, 2017, 34 (12): 85 – 88.

［30］胡曙光, 陈静, 华艳秋, 等. 基于激光三角法的传感器设计 ［J］. 测控技术, 2006, 25 (6): 7 – 8.

［31］杨杰. 激光三角法物体轮廓的三维测量系统 ［D］. 呼和浩特：内蒙古大学, 2017.

［32］孙亭, 卜凡亮. 基于 Matlab 工具箱的摄像机标定 ［J］. 电脑编程技巧与维护, 2016 (11): 75 – 77.

5

系统电磁环境

电磁轨道发射技术在国外处于实验研究阶段，预计未来 10～15 年内，以电磁轨道炮为代表的电磁发射设备将会装备美国海军，目前整个系统仍处于实验室环境下。目前对电磁轨道发射系统的电磁兼容问题、电磁场的测量和电磁干扰分析研究还比较少，但对瞬态脉冲电磁场的测量技术、电磁干扰的分析技术以及电磁干扰的屏蔽和测量等技术有着较为广泛的研究。

电磁发射系统的研究在 20 世纪 80 年代初逐渐开始积极展开，由于其在工业、军事、科技等领域的良好应用前景，各国竞相进行研究。美国在这方面的研究处于领先地位，1986 年，Michael H. Tower 等研究分析了电磁发射系统周围电磁场和系统特性等。1997 年，Marco Angeli 等利用数值计算的方法研究了电磁发射系统负载轨道周围的电磁场。2001 年，Ian R. McNab 等分析讨论了评估电磁发射系统的各种关键参数。2001 年，Richard A. Marshall 总结了电磁发射领域多年来发展的成果与存在的问题。2007 年，Harry D. Fair 汇总了美国关于电磁发射系统研究的最新成果和发展的侧重点。

脉冲功率电源是电磁发射系统的关键部件之一，为了满足电磁发射系统的电源要求，有各种形式的电源系统，有电容储能、电感储能和飞轮储能等多种形式。1986 年，M. F. Rose 就开始研究应用于电磁发射系统的电容器储能式脉冲功率电源。1995 年，Emil Spahn 研制了 50 kJ 的脉冲电源，并使用可控硅作开关，同年 P. Yu. Emelin 等分析了电容放电产生脉冲电流的装置。1997 年，Ian R. McNab 讨论了电磁发射的电源系统的技术；2003 年，Miguel Del Guercio 给出了 4.5 MJ 的脉冲功率电源系统。近几年国内也研制出了具有良好性能的用于电磁发射的电容储能式脉冲功率电源系统。

开关在脉冲电源系统中起至关重要的作用。通过触发开关，储有电荷的电容对负载进行放电。1989 年，F. E. Peterkin 分析了气体间隙开关触发放电过程的比较；同年中国科学院电工所的马秀荃讨论分析了几种高压放电用火花间隙开关的结构和特点；特别地，P. Osmokrovic 对三电极气体间隙开关做了更深入的研究；2000 年，何孟兵对高功率脉冲放电开关进行了总结；2008 年，费伟研究了大功率半导体器件开关的导通机理和其他特性。

5.1 开关

开关在脉冲功率装置中起着关键性作用。开关种类很多，其中各种电火花间隙（Spark gap）开关应用最广，但随着技术的发展，可控硅开关的应用也较多。所研究的电源分别采用三电极空气间隙开关和大功率可控硅开关。

三电极开关间隙为 3.5 mm，主电极半径为 4 cm，采用气体间隙开关的电源有 9 个电容储能模块，电容器组峰值充电电压为 5 kV，第 1～8 组单台电容容量为 15 mF，第 9 组为 54 mF，回路电感为 20 μH，电阻为 20 mΩ，产生的脉冲电流峰值约为 500 kA 量级；采用可控硅开关的电源为单个电容储能模块，可控硅型号为 KPC 2200，电容器峰值充电电压为 10 kV，电容容量为 2 mF，所产生的脉冲电流峰值约为 50 kA 量级。

脉冲功率电源主电流上升沿为几百微秒，其频谱主要分布在 1 kHz 以下，而电源电磁干扰高频分量主要来源于开关。三电极气体间隙开关产生的干扰信号主要的频谱范围在 100 MHz 以内；可控硅开关产生的干扰信号频谱一般不会超过这个频率范围。在空气中传播的 100 MHz 的电磁波的波长约为 3 m，根据实际脉冲电源的尺寸以及测量点距电源的距离可知，此电磁场属于辐射源的近场区域。因此，磁场和电场需要分开来测量。对于研究的两种脉冲功率电源，电场很小，下面只给出了磁场的测量与分析。

5.1.1 气体间隙开关

采用气体间隙开关的脉冲电源，其储能模块分序触发。图 5-1 所示为其测量分析结果。示波器的采样率为 500 MS/s，测量探头距开关中心轴线为 20 cm，电容器充电电压为 4 kV。

图 5-1 (a) 为环探头输出电压波形，即磁场的时间变化率，图中结果为探头上感应电动势的电压值，以下称为 B 探头测量信号。从图中可以看出，峰值感应电动势可达 4 V 左右。图 5-1 (b) 为探头输出感应电动势信号的频谱，从图中可以看出，信号主要能量集中在低频，开关放电主电流对磁场贡献大，为了更好地观察开关导通过程中产生的高频信号频谱，对信号作 500 kHz 以上的高通滤波。图 5-1 (c) 是感应电动势波形

的高频频谱，可知信号频段主要集中在 10 MHz 以下。对探头输出感应电
动势作积分处理之后，得到图 5-1（d）的时域磁感应强度波形，图示峰
值磁感应强度幅值为 0.125 T。图 5-1（e）和（f）分别为磁感应强度波
形的频谱分析图，磁感应强度主要能量的频谱集中在低频，高频部分频谱
集中在 10 MHz 以内。

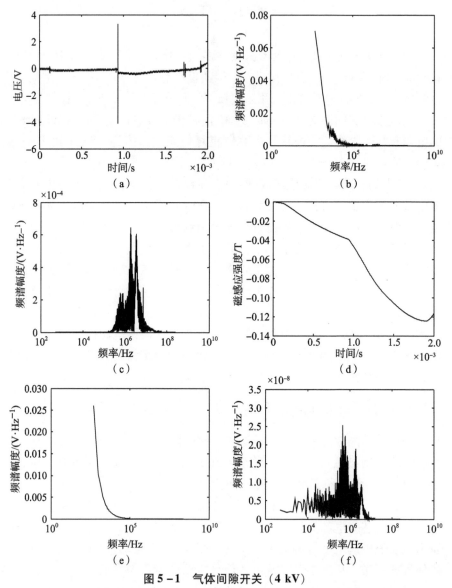

图 5-1 气体间隙开关（4 kV）

（a）B 探头波形；（b）B 探头频谱；（c）B 探头高频频谱；
（d）磁感应强度波形；（e）磁感应强度波形频谱；（f）磁感应强度波形高频频谱

5.1.2 可控硅开关

脉冲电源采用的可控硅开关型号为 KPC 2200，其仅有 1 个电容储能模块。测量分析结果如图 5 - 2 所示。示波器的采样率为 500 MS/s，测量探头距离开关中心轴线 19 cm，电容器充电电压为 8 kV。

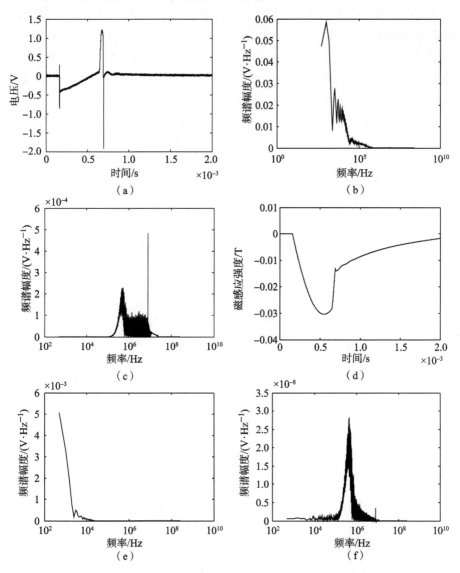

图 5 - 2 可控硅开关（8 kV）

（a）B 探头波形；（b）B 探头波形频谱；（c）B 探头波形高频频谱；
（d）磁感应强度波形；（e）磁感应强度波形频谱；（f）磁感应强度波形高频频谱

　　图 5 - 2（a）为环探头输出电压波形，即磁场的时间变化率，图中结果为探头上感应电动势的电压值，从图中可以看出，峰值感应电动势可达 2 V 左右。图 5 - 2（b）为探头输出感应电动势信号的频谱，从图中可以看出，信号主要能量仍然集中在低频，开关放电主电流对磁场贡献大，为了更好地观察开关导通过程中产生的高频信号频谱，对信号作 500 kHz 以上的高通滤波。图 5 - 2（c）是感应电动势波形的高频频谱。对探头输出感应电动势作积分处理之后，得到图 5 - 2（d）的时域磁感应强度波形，图示峰值磁感应强度幅值为 0.030 T。图 5 - 2（e）和（f）分别为磁感应强度波形的频谱分析图，磁感应强度主要能量的频谱集中在低频，高频部分频谱集中在 1 MHz 以内。

　　电容器充电电压为 8 kV 时，对采用可控硅开关的脉冲电源，在与开关轴线垂直、与开关中心相交的直线上，磁场峰值衰减情况如图 5 - 3 所示。如图 5 - 3 所示，在距离可控硅开关轴线 10 cm 远处，磁感应强度峰值大小为 0.120 T，距离可控硅开关轴线 26 cm 远处，磁感应强度峰值大小衰减为 0.010 T 左右，磁场随距离衰减很快。

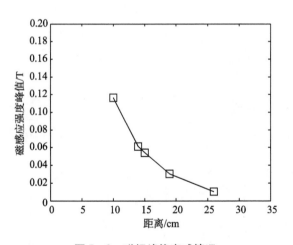

图 5 - 3　磁场峰值衰减情况

　　根据两种开关的典型实验数据的频谱分析结果，可知气体放电开关的脉冲电源的 B 探针测量信号频谱和可控硅开关脉冲电源的频谱的主频段都在 1 kHz 以内，主要由主脉冲电流产生。开关动作产生的高频信号相比较整个脉冲功率电源放电能量来说，占的比例很低。但开关动作会产生高频信号干扰，气体放电开关磁场高频区域，信号主要分布在 10 MHz 以内，而可控硅开关的磁场信号则主要分布在 1 MHz 以内。可控硅开关的高频信

号比气体放电开关的高频信号的主频点约低一个数量级。

5.1.3 开关周围磁场的时频分析

在电磁发射器脉冲电源系统中，采用了三电极气隙开关和晶闸管开关。认为开关动作产生的磁场会对开关周围的器件造成潜在的电磁兼容性威胁。为了分析这个问题，测量装置测量了两个典型开关周围的辐射磁场波形。基于小波分析方法，比较了两种开关的辐射场的时频特性。

所有测量实验均在 10 MJ 实验电磁轨道发射器上进行。实验发射器由脉冲电源系统、两根铜轨、电枢和控制系统组成。轨道长 6 m，主电流的最大幅值可达 1 MA。电枢由铝合金制成，质量约为 300 g。

电源使用两个典型的开关。实验中分别测试了三电极气隙开关和晶闸管开关的脉冲电源。

①三电极气隙开关脉冲电源由 9 个电容模块组成。第 9 个模块电容高达54 mF，其他是 15 mF。脉冲电流约为 500 kA。电容器的标准电压为 4 000 V，三电极气隙开关的间隙为 3 mm，主电极半径为 4 cm。电源的总电感为 20 μH，总电阻为 20 mΩ。三电极气隙开关的实物和结构如图 5 - 4 和图 5 - 5 所示。

图 5 - 4 三电极气隙开关实物

②晶闸管开关脉冲电源由一个单电容模块组成。峰值电压为 1 668 V，电容为 2 mF。峰值脉冲电流约为 50 kA。虽然后者的能量远小于前者，但后者的信号强度足以分析两个开关的时频特性。

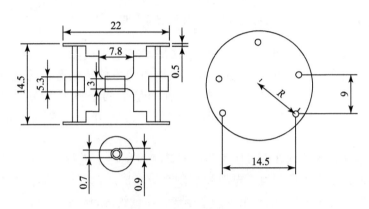

图 5 - 5 三电极气体开关结构

在实验中，收集准确的数据是很重要的。示波器种类繁多，频带大于 200 MHz。多种示波器可以精确测量纳秒脉冲。但是，脉冲电流的持续时间大约为 5 ms，普通示波器由于数据量大，不能长时间记录数据。

根据采样定理，采样频率是信号的最高频率的两倍。原始信号可以用采样信号表示。

三电极气隙开关的最高频率约为 200 MHz，采样频率至少为 500 MS/s，固体开关的最高频率明显小于气体开关的最高频率。采样点小于 2 M 的示波器需要满足采样率足够条件，从而可以满足采样定理以获得高频信号。

探头的输出电压信号由电缆送入示波器，同轴电缆具有分布电感和电容。在类似的测量系统中，测量了电缆的衰减特性。30 m 电缆在 30 MHz 内其衰减约为 -2 dB，故需要 2m SYV - 50 - 3 同轴射频电缆。SYV - 50 - 3 同轴射频电缆符合 GB/T 14864—1993 标准，要求 20 ℃时 200 MHz 信号衰减不大于 0.240 dB/m。因此，在此条件下，12m SYV - 50 - 3 同轴电缆的衰减不大于 2.88 dB。考虑到被测信号频率不大于 200 MHz，同轴电缆的衰减很小。

为了验证电缆的衰减特性，在实验中测量了 12 m 同轴电缆的衰减特性。衰减特性如图 5 - 6 所示。信号衰减小，满足要求。基于分析，信号衰减的误差可以忽略不计。

另外，对电源瞬态测量装置进行了标定和测试。文献给出了电磁发射系统放电电流环境的校准和验证。下面讨论使用这两个典型开关的电源的典型放电实验。

开关动作对电源的电磁干扰可能威胁测量装置，破坏系统的电磁兼容设计。对两种不同开关的闭合动作的时频特性进行了分析。采用小波分析方法对封闭过程进行了分析。

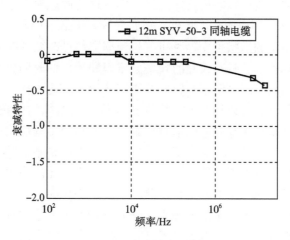

图 5 - 6 　电缆的衰减特性

　　传统的信号分析方法是基于傅里叶变换的，傅里叶变换可以分析信号的频率特性，但不能提供关于频率分量的时间信息。时域特性和频域特性不能结合。在信号处理过程中，需要考虑信号在整个时域的分布。信号在时域上的微小变化将引起整个频谱中的信号变化。为了分析非平稳信号，引入了短时傅里叶变换。它把整个信号分成许多短时间间隔，以便知道信号在短时间间隔内的频率。该方法克服了傅里叶变换不具有局部分析能力的问题。

　　但它也有其固有的缺陷。即，当确定短时窗函数时，窗口的形状就确定了。因此，要改变分辨率，必须重新选择新的窗口函数以获得新的分辨率。

　　传统的信号分析是建立在傅里叶变换的基础之上的。傅里叶变换虽然能较好地分析信号的频域特性，但它不能提供有关频率成分的时间局部信息，不能把信号的时域特征和频域特征有机结合起来。然而在信号处理过程中，从信号中提取频谱信息，必须考虑信号在整个时间内的分布，信号在时域中的微小变换都会导致信号在整个频谱的变化。为了处理非平稳信号而推出的短时傅里叶变换，其思想是把信号首先划分为许多小的时间间隔，以便确定信号在该时间间隔存在的频率。虽然在一定程度上克服了标准傅里叶变换不具有局部分析能力的缺陷，但它也存在着自身不可克服的缺陷，即当短时窗函数确定后，窗口的形状就确定了，故它是一种单一分辨率的信号分析方法。若要改变分辨率，则必须重新选择窗函数。

利用小波分析可以解决这些问题。小波理论的思想源于信号分析的伸缩与平移，1980 年由 Morlet 首创。小波分析方法是一种窗口大小即窗口面积固定，但窗口的形状可变，时间窗和频率窗都可改变的时频局部化分析方法，即在低频部分具有较高的频率分辨率和较低的时间分辨率，在高频部分具有较高的时间分辨率和较低的频率分辨率，适于探测正常信号中突变信号的成分。它可以用长时间间隔来获得更加精细的低频率信号信息，用短时间间隔来获得高频率的信号信息。在实际的工程应用中，所分析的信号可能包含许多尖峰或突变部分，并且噪声也不是平稳的白噪声。对这种信号的降噪处理，用传统的傅里叶变换分析显得无能为力，因为它不能给出信号在某个时间点上的变化情况。小波分析作为一种全新的信号处理方法，它将信号中各种不同的频率成分分解到互不重叠的频带上，为信号滤波、信噪分离和特征提取提供了有效途径。有些噪声的频谱是分布在整个频域内的，小波理论的发展和成熟为非平稳信号的分析提供了有利的工具。运用小波分析进行信号的降噪处理是小波分析的一个重要应用方面。在实际工程应用中，信号可能包含许多峰值和突变。将 Matlab 中的小波分析工具箱函数与小波结合使用。

设 $\psi(t) \in L^2(R)$（为能量有限的空间信号），其中傅里叶变换为 $\hat{\psi}(\omega)$，若满足容许条件

$$\int_{-\infty}^{+\infty} \frac{|\hat{\psi}(\omega)|^2}{\omega} \mathrm{d}\omega < +\infty \qquad (5-1)$$

则称 $\psi(t)$ 为母小波。由容许条件可得：$\hat{\psi}(0) = \int_{-\infty}^{+\infty} \psi(t)\mathrm{d}t = 0$，说明 $\psi(t)$ 具有波动性，在有限区间外恒为零或者趋近于零。

信号 $x(t)$ 的小波变换定义为

$$WTx = \frac{1}{a}\int_{-\infty}^{+\infty} x(t)\varphi\left(\frac{t-\tau}{a}\right)\mathrm{d}t \qquad (5-2)$$

由输出电压的波形，清楚地显示了两个典型的过程。对于每个闭合动作，显示两个峰值电压波形。第一种与触发电极初始信号有关，另一种与主电流闭合周期有关。

结果表明，根据主频分布，晶闸管开关的最大频率信号远低于三电极气隙开关的最大频率信号。如表 5-1 所示，三电极气隙开关的主要频率小于 30 MHz，导通时间总是 0.024 ms，第二峰值的时间跨度约为 0.003 ms，晶闸管开关的主信号频率低于 5 MHz。晶闸管开关的信号频率明显低于三电极气隙开关。因此，晶闸管开关有利于减小电磁辐射干扰对其他测量装置的影响。

表 5-1　三电极气隙开关特性

不同方向	开关时间/ms	两次关开 时间间隔/ms	主频/MHz
2th（Z）	0.024	0.005	25
2th（X）	0.024	0.005	30
3th（Z）	0.024	0.003	15
3th（X）	0.024	0.007	15

5.2　汇流排

汇流排是多模块脉冲功率电源向轨道供电的端口，不同模块的电流通过这个汇流板，流入轨道回路。图 5-7 所示为距离汇流排外 8 cm 处测量得到的磁感应强度波形。图 5-7（a）为环探头输出电压波形，即磁场的时间变化率，图中结果为探头上感应电动势的电压值，从图中可以看出，峰值感应电动势可达 0.6 V 左右。图 5-7（b）为探头输出感应电动势信号的频谱，从图中可以看出，信号主要能量仍然集中在低频，为了更好地观察高频信号频谱，对信号作 500 kHz 以上的高通滤波。图 5-7（c）是感应电动势波形的高频频谱，相比较开关附近量值要小很多。对探头输出感应电动势作积分处理之后，得到图 5-7（d）所示的时域磁感应强度波形，图示峰值磁感应强度幅值为 0.065 T。图 5-7（e）和（f）分别为磁感应强度波形的频谱分析图，磁感应强度主要能量的频谱集中在低频，高频部分频谱相比较开关附近量值要小很多。

图 5-8 对应距离汇流排外 10 cm 处测量的磁感应强度波形。图 5-8（a）为环探头输出电压波形，峰值感应电动势可达 0.35 V。图 5-8（b）为探头输出感应电动势信号的频谱，信号主要集中在低频，对信号作 500 kHz 以上的高通滤波。图 5-8（c）是感应电动势波形的高频频谱，相比较开关附近量值要小很多。对探头输出感应电动势作积分处理之后，得

到图 5 – 8 （d） 所示的时域磁感应强度波形，图示磁感应强度峰值为
0.050 T。图 5 – 8 （e）和（f）分别为磁感应强度波形的频谱分析图，磁感
应强度主要能量的频谱集中在低频，高频部分频谱相比较开关附近量值
要小。

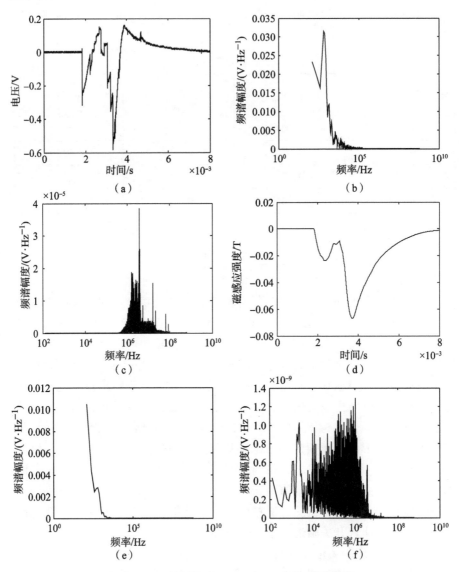

图 5 – 7　汇流排前 8 cm （9 kV） 磁感应强度波形

（a）B 探头波形；（b）B 探头波形频谱；

（c）B 探头波形高频频谱；（d）磁感应强度波形；

（e）磁感应强度波形频谱；（f）磁感应强度波形高频频谱

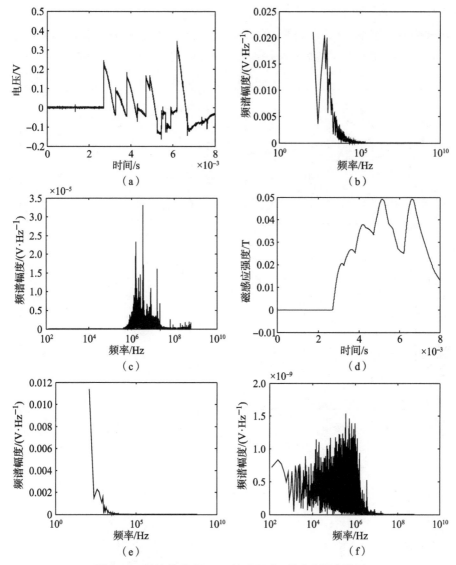

图 5 - 8　汇流排前 10 cm（8.5 kV）磁感应强度波形

（a）B 探头波形；（b）B 探头波形频谱；（c）B 探头波形高频频谱；
（d）磁感应强度波形；（e）磁感应强度波形频谱；（f）磁感应强度波形高频频谱

图 5 - 9 对应距离汇流排外 33 cm 处测量得到的磁感应强度波形。图 5 - 9（a）为环探头输出电压波形，峰值感应电动势可达 0.06 V 左右。图 5 - 9（b）为探头输出感应电动势信号的频谱，主要能量仍然集中在低频，对信号作 500 kHz 以上的高通滤波。图 5 - 9（c）是感应电动势波形的高频频谱，相比较开关附近量值要小很小。对探头输出感应电动势作积

分处理之后，得到图 5 - 9（d）所示的时域磁感应强度波形，图示磁感应强度峰值为 0.008 T。由图 5 - 9（e）和（f）可知，磁感应强度主要能量的频谱集中在低频，高频部分频谱相比较开关附近量值要小很多。

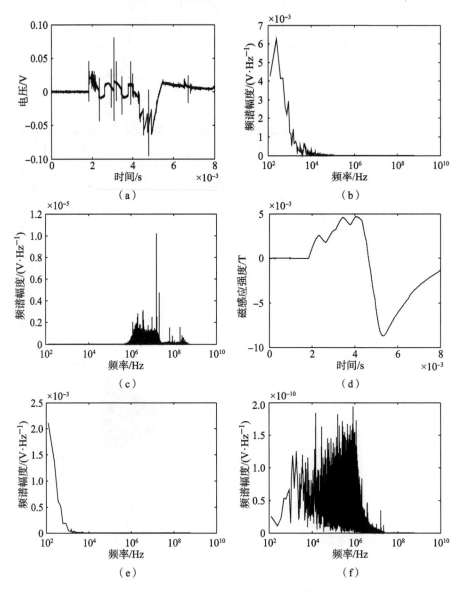

图 5 - 9　汇流排前 33 cm（6 kV）磁感应强度波形
（a）B 探头波形；（b）B 探头波形频谱；
（c）B 探头波形高频频谱；（d）磁感应强度波形；
（e）磁感应强度波形频谱；（f）磁感应强度波形高频频谱

5.3　单模块脉冲功率电源

　　单模块脉冲功率电源是电磁发射系统的子部件。最终脉冲功率电源是多个单个小脉冲功率模块并联组成一个多模块的电源系统。分析单个孤立的模块系统对将来研究多模块系统的电磁干扰有非常重要的意义。通过比较单模块和多模块电源系统的电磁环境特点，可以更有效地分析电磁干扰问题。

　　实验利用三路环探头配合示波器测量了单模块脉冲功率电源周围各个方向上的干扰信号。被测单模块脉冲功率电源的外形是一个长方体，电源前后长度为 90 cm，前侧为正方形，边长为 50 cm。所有子系统都位于金属长方体框架中。电源后侧、左侧、上侧和下侧均有金属板，右侧和前侧裸露，结构如图 5-10 所示。电源右侧内部是可控硅开关所在处，前方则有电抗器存在。单模块脉冲功率电源电容容量为 2 mF，最大充电电压为 9 kV。

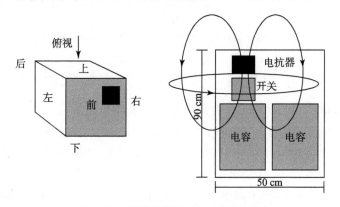

图 5-10　单模块脉冲功率电源示意图

　　图 5-11 给出了单模块脉冲功率电源周围距离 4 cm 远处暂态磁场的峰值柱状图，在电源每个位置处均测量了三个方向的磁感应强度的大小，图中对应脉冲功率电源充电电压为 8 kV，图中 x、y、z 三个方向分别对应向前、向右和向上的方向。从图中可以看出，单模块脉冲功率电源，"前侧"磁感应强度最大，x、y、z 三个方向磁感应强度都很大，其中 x 方向的磁感应强度最大；"右侧"的磁感应强度次之，其中 y 方向的磁感应强度很小，主要是 x 方向和 z 方向的值，x 方向的值大于 z 方向的值；"上侧"的磁感应强度很小，但能测量得到，仍然是 x 方向的最大，y 方向次之，z 方向很小；"下侧""左侧""后侧"磁感应强度非常小，几乎测量不到。可以看出 x 方向磁感应强度很大，电抗器相比电源开关要提供更大的磁场。以上测

量结果与电源实际内部结构分布也保持一致，电源"上侧""下侧""左侧""后侧"由于有金属板，因此场被屏蔽，测量结果很小；电源"前侧"和"右侧"没有金属屏蔽板，因此磁场幅值要大很多；"前侧"正好有电抗器存在，因此前侧的测量结果最大。

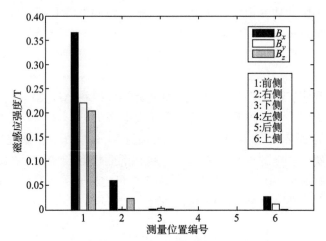

图 5 – 11　单模块脉冲功率电源周围磁感应强度峰值

5.3.1　单模块脉冲功率电源的磁场分析

通过单模块脉冲功率电源周围电磁环境测量结果分析，可以知道在脉冲电源前侧存在一个电磁场相对较强的区域，此区域正好有一个电抗器。因为脉冲电源前侧面板的电抗器裸露在外，所以电抗器前的场很强，且由于电抗器匝数较多，脉冲电流通过时会产生更强的磁场。

测量单个电源模块周围电磁场分布的情况：单个脉冲电源模块放电时，会在其周围产生瞬态脉冲磁场和电场。通过测量单个脉冲电源模块周围的磁场，就可以得到电源模块的空间电磁场分布情况，然后通过分析空间脉冲电磁场的分布情况，以及其幅值的大小和频段分布状况，最终对单模块电源电磁兼容相关问题给出评估，进而提出相应的建议。

以下给出充电电压为 1.09 kV，在电源模块前侧电抗器外 6 cm 处的电磁场测量频谱分析，示波器采样率为 250 MS/s，实验测量分析波形如图 5 – 12 所示，探头环面的垂直方向与电抗器轴线方向相同。图 5 – 12（a）是环探头输出电压波形，由图可知，单模块脉冲电源测量信号持续时间为毫秒量级，环探头感应电动势峰值电压达到 4 V。图 5 – 12（b）是环探头输出感应电动势的频谱密度分布，由图可知主要能量的频谱在 1 kHz 以下。图 5 – 12（c）是探头测量的微分信号500 kHz高通滤波后的频谱，高频频谱部分分布在1 MHz以内。图5-12（d）是磁感应强度的时域波形，峰值磁感应强度大小为0.4 T，从图中可以看出是由主脉冲电流所贡献，高频干扰信号相对主电流幅值很小。图5-12（e）是磁感应强度波形的频谱分布图，从图中可以看出主要能量集中在低频区域。图5-12（f）是磁感应强度波形的高频频谱部分，可知频谱分量主要在1 MHz以内。

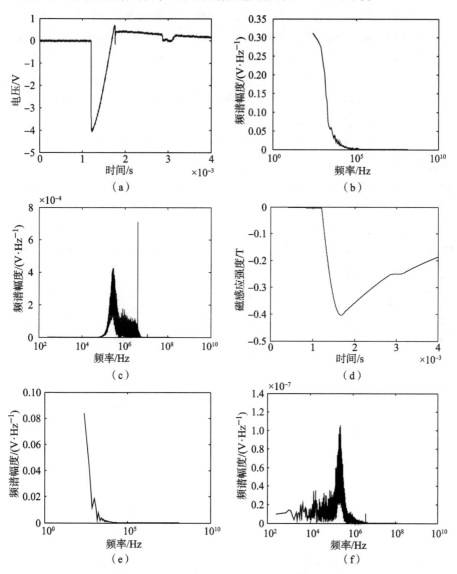

图5-12 单模块电源电抗器前6 cm处电磁场测量频谱分析（1.09 kV）

（a）B探头波形；（b）B探头波形频谱；（c）B探头波形高频频谱；

（d）磁感应强度波形；（e）磁感应强度波形频谱；（f）磁感应强度波形高频频谱

5.3.2 脉冲功率电源辐射电磁场屏蔽测量与分析

本小节分析脉冲功率电源电抗器屏蔽板的屏蔽作用，分析对原有电路参数的影响，并在此基础上设计屏蔽板结构与材料参数；安装配置好电磁屏蔽板后，实验测量屏蔽效果，并根据实验和仿真给出电磁屏蔽效果。

脉冲功率电源主电流上升沿为几百微秒，其频谱主要分布在 1 kHz 以下。而电源电磁干扰高频分量主要来源于开关。三电极气隙开关产生的干扰信号主要的频谱范围在 100 MHz 以内，可控硅开关产生的干扰信号频谱一般不会超过这个频率范围。

脉冲功率电源有多种储能方式，其中电容储能应用较广。本书研究的脉冲功率电源均为电容储能式。电容充电后，通过放电开关使电容上的电荷放电，在负载上产生脉冲功率电流。脉冲功率电源的输出电流典型波形为单脉冲波形，上升沿 0.5 ms 左右，峰值电流为几十到几百千安，脉宽大约几毫秒。实验中使用的电源单个模块储能 100 kJ，额定电压为 10 kV，电容器电容为 2 mF，电抗器电感为 50 μH，SCR 开关额定电流和电压为 60 kA/13 kV。

根据实验测量数据可知，电源模块中电抗器所在侧磁场比较强。设计屏蔽体为屏蔽板对电抗器前的场进行屏蔽。制作了 4 块屏蔽板，2 块为铝板，材料为硬铝 LY - 12，厚度分别为 3.0 mm 和 1.5 mm，电导率为 2.08 × 10^7 S/m，相对磁导率为 1；另外 2 块冷轧钢板的厚度分别为 2.5 mm 和 1.5 mm，电导率为 7.04 × 10^6 S/m，相对磁导率为 1 000。屏蔽板尺寸如图 5 - 13 所示。在仿真计算基础上，实验验证了实际屏蔽效果。屏蔽板材料为铝板和冷轧钢板，采用双层板的屏蔽方式，屏蔽板距离电抗器底面

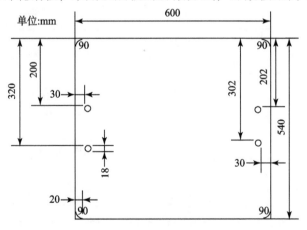

图 5 - 13   屏蔽板尺寸

8 cm，单模块脉冲功率电源充电电压为 8 000 V。测量了屏蔽板外侧 1.5 cm、3.5 cm 和 6.0 cm 处的暂态磁场波形。为了简化分析，主要讨论沿电抗器轴向方向的暂态磁场峰值大小。

　　首先给出未屏蔽前电抗器前轴线上的测量数据，然后对比分析不同板的组合配置屏蔽条件下的测量数据。未屏蔽时电抗器前的磁感应强度峰值大小数据可以测量得到，按照距离绘制出随距离的磁感应强度峰值衰减曲线如图 5 – 14 所示，充电电压为 8 kV。如图 5 – 14 所示，距离 2 cm 处磁感应强度接近 2.5 T，而距离 35 cm 处磁感应强度衰减到 0.016 T，磁场衰减非常快。

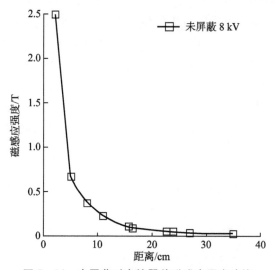

图 5 – 14　未屏蔽时电抗器前磁感应强度峰值

　　添加屏蔽后，脉冲电源充电电压为 8 kV 时，测量实验数据如表 5 – 2 所示，给出了相同位置处，材料板不同配置的情况。表中按照铝板和冷轧钢板不同厚度的 4 种组合，分别测量了距离屏蔽板外侧 1.5 cm、3.5 cm 和 6.0 cm 处沿电抗器轴线方向上的磁感应强度最大值。

表 5 – 2　双层板相同位置不同配置的峰值磁感应强度

铝质/mm	不锈钢/mm	位置/cm	磁感应强度峰值/T
3.0	2.5	1.5	0.071
3.0	1.5	1.5	0.169
1.5	1.5	1.5	0.243
1.5	2.5	1.5	0.224
3.0	2.5	3.5	0.053
3.0	1.5	3.5	0.122

铝质/mm	不锈钢/mm	位置/cm	磁感应强度峰值/T
1.5	1.5	3.5	0.165
1.5	2.5	3.5	0.113
3.0	2.5	6.0	0.043
3.0	1.5	6.0	0.050
1.5	1.5	6.0	0.086
1.5	2.5	6.0	0.068

未屏蔽时，测量得到屏蔽板外侧 1.5 cm、3.5 cm 和 6.0 cm 处磁感应强度峰值大小分别为 0.564 T、0.365 T 和 0.241 T。通过测量数据，可知安装屏蔽板后，铝板和冷轧钢板均选用厚板时，屏蔽后的磁感应强度峰值大小分别为 0.071 T、0.053 T 和 0.043 T，相同位置处的磁感应强度峰值相比未屏蔽之前的数值降低了一个数量级以上。随着距离的增大，磁感应强度大小逐渐减小；相同位置处，铝板和钢板的厚度越厚，屏蔽效果越好；不同铝板和钢板的组合，对屏蔽效果的影响比较大。

本书的测量采用 TDS－7254s 数字示波器采集探头的信号，其最高采样率为 20 GS/s，存储深度为 4 M。以 250 MS/s 采样率 4 路同时工作，可以采集 4 ms 长的信号，满足实验测量要求。选取微分磁场探头测量磁场。实验中共使用了 ETS 7405、BKH－3 及 HT－6 三种微分磁场探头。探头输出信号通过 50 Ω 同轴电缆传输到示波器。在频率较低的范围内，电缆的衰减很小，忽略电缆的影响。

磁场的测量方法有多种，最基本的一种方法是基于电磁感应定律，利用环形线圈探头来测量磁场，线圈匝数一般仅取 1 匝。该测量方法不能直接测量磁场，只能是先测得磁场的变化率或对时间的微分，然后通过积分处理而得到磁场的时域波形。

被测磁场在线圈探头端口产生的开路电压 V 对应线圈中的感应电动势：$V = d\psi/dt = AdB/dt$，式中 ψ 是线圈交联的磁链，A 是线圈的面积，B 是被测处的磁感应强度。由于环形线圈半径较小，所以近似认为圆环面积上磁场均匀分布。对感应电动势 V 进行积分，得到磁感应强度 B。

实验中所涉及的测量主要在 20 MHz 以内，探头系数和 $\lg f$ 为线性关系，探头输出电压为感应电动势，因此通过积分即可直接得到磁场大小。

磁场探头校验可以按照文献中的方法，本书通过标准场强仪器来校验。首先，在一个螺线圈中加不同频率的正弦电流，线圈有足够的高度和尺寸，在螺线圈中央的场可以近似认为是均匀的；然后，通过比较 PMM－

8053A 场强仪和微分探头测量值，对探头系数校对，给出矫正曲线。
图 5 - 15 所示为 HT6 探头和 PMM - 8053A 标准场强仪的测量对比图，可以
看出 PMM - 8053A 和 HT6 探头的数据吻合得较好。

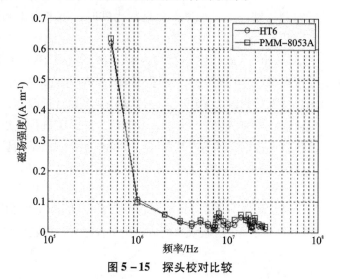

图 5 - 15　探头校对比较

　　为了方便分析屏蔽的影响，对脉冲功率电源和屏蔽板的实际模型进行
简化，只分析电抗器和屏蔽板的模型，暂不考虑电源其他部分对场的影
响。基本的计算模型如图 5 - 16 所示，图示模型为轴对称模型的截面图。
上半部分为电抗器，截面为矩形，电抗器的内半径为 r_1，外半径为 r_2，高
度为 h；下半部分是屏蔽板，半径为 r_s，板厚为 t；屏蔽板上表面与电抗器
底面的距离是 d。

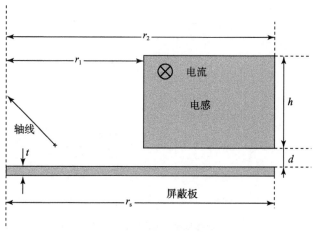

图 5 - 16　仿真计算模型

设电抗器高度 h 为 20 cm，内半径 r_1 为 6 cm，外半径 r_2 为 8 cm；屏蔽板厚度 t 为 0.5 cm，板的半径 r_s 取 4 cm、8 cm 或者 12 cm，屏蔽板上表面与电抗器下表面之间的距离 d 取 3 cm、6 cm 或者 9 cm。电抗器线圈的材料为铜，屏蔽板材料为铁或铝。当屏蔽板材料为铁时，不考虑饱和问题，且设其相对磁导率为 4 000，电导率为 1.03×10^7 S/m；设铝的相对磁导率为 1，电导率为 5.8×10^7 S/m。用软件 ANSOFT MAXWELL SV，在涡流场求解条件下，主要计算了 50 Hz、500 Hz 和 5 kHz 时的情况。

分别考虑有、无屏蔽板，屏蔽板大小改变，屏蔽板远近改变，在不同频率情况下，对屏蔽效果及影响进行分析，对屏蔽板的影响进行更进一步的阐述与说明，计算在正弦稳态激励情况下进行。仿真计算给出不同材料和结构屏蔽体的屏蔽效果；实际屏蔽板分单层板和双层板两种使用方式；分别分析了单层和双层屏蔽板情况下的屏蔽效果。图 5-17 所示为铝板半径大小改变时的磁力线图，板半径分别为 4 cm、8 cm 和 12 cm，距离电抗器底面 3 cm，频率为 500 Hz。由图可知，屏蔽效果明显，板半径越大，屏蔽效果越好。

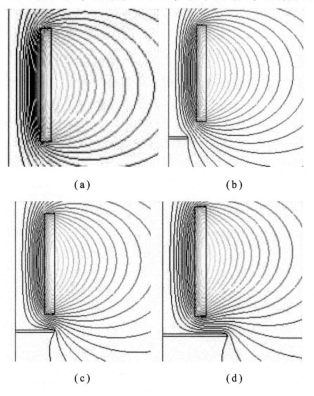

(a)　　　　　　　(b)

(c)　　　　　　　(d)

图 5-17　磁感应强度的磁力线图对比（铝板）

(a) 未屏蔽；(b) 4 cm；(c) 8 cm；(d) 12 cm

　　上节给出了稳态激励情况下屏蔽板各种参数对屏蔽效果的影响；此时磁场屏蔽主要利用瞬态场下的涡流抵消作用。实际系统处于暂态电磁环境中，图 5 - 18 给出在暂态激励情况下（脉冲电流波形如图 5 - 19 所示），在电抗器轴线上，屏蔽板外侧，距离屏蔽板若干厘米处的磁感应强度；根据实际尺寸，设电抗器高度 h 为 12 cm，内半径 r_1 为 5.1 cm，外半径 r_2 为 7.5 cm，屏蔽板距离电抗器 8 cm，屏蔽板为圆形板，屏蔽板厚度为 0.5 cm，半径为 25 cm。

　　图 5 - 18 （a）是铝板、铜板和不锈钢板屏蔽前后，在距离屏蔽板外侧 2 cm 处磁场时域波形比较，屏蔽板与电抗器之间的距离为 3 cm，由图中可以看出，未屏蔽时，磁场波形峰值磁感应强度大小约为 1.9 T，在 0.4 ms

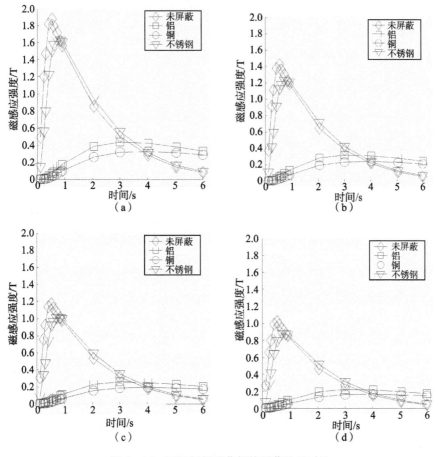

图 5 - 18　不同材料屏蔽板的屏蔽结果对比

（a）2 cm；（b）3 cm；（c）4 cm；（d）5 cm

时达到峰值；不锈钢板屏蔽后磁场峰值大小约为 1.6 T，在 0.65 ms 时达到峰值；铝板和铜板屏蔽后磁场峰值分别为 0.4 T 和 0.3 T，分别在 3 ms 和 4 ms时达到峰值。可见，电导率越大，磁场衰减越强，达到峰值的滞后效应也越明显。图 5 - 18（b）（c）（d）是距离屏蔽板 3 cm、4 cm 和 5 cm 的结果，结果类似，高电导率材料屏蔽效果明显。

电抗器高 12 cm，内半径为 5.1 cm，外半径为 7.5 cm，屏蔽板距离电抗器 8 cm，屏蔽板为圆形板，半径为 25 cm，铝板厚度为 3 mm 和 1.5 mm，冷轧钢板厚度为 2.5 mm 和 1.5 mm；铝板电导率为 3.80×10^7 S/m，相对磁导率为 1，冷轧钢板电导率为 7.04×10^6 S/m，相对磁导率为 1 000。电抗器的匝数为 24 匝，暂态电流波形如图 5 - 19 所示。

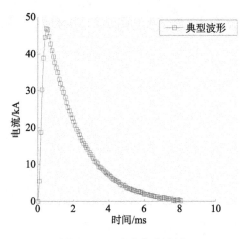

图 5 - 19　脉冲电流波形

实际测量中用双层屏蔽板，为了便于比较，按照实际测量配置，选择屏蔽板分别位于电抗器外 8 cm 远处，观察屏蔽板外 1.5 cm、3.5 cm 和 6 cm处屏蔽前后的计算结果。图 5 - 20 ~ 图 5 - 22 分别对应 1.5 cm、3.5 cm 和 6 cm 处磁场波形。从仿真计算结果可以看出，屏蔽后峰值磁场强度大小衰减了一个数量级以上，铝板、钢板越厚，屏蔽效果越好；仿真结果表明，几种不同屏蔽板厚度的组合配置对屏蔽效果影响不太大。

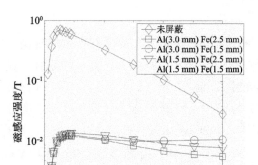

图 5 – 20　距离板外 1.5 cm 处磁感应强度波形

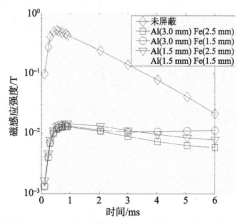

图 5 – 21　距离板外 3.5 cm 处磁感应强度波形

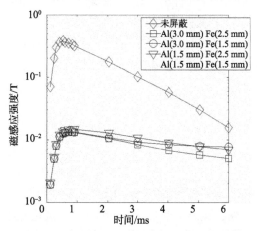

图 5 – 22　距离板外 6.0 cm 处磁感应强度波形

总结：

通过软件仿真电抗器屏蔽板模型，计算了电磁屏蔽的影响，在屏蔽板仿真计算和理论分析的基础上，针对实际测量的系统，设计了屏蔽板的尺寸结构。屏蔽板采用双层板结构，材料分别为硬铝和冷轧钢；设计制作了4块屏蔽板，2块为铝板，材料为硬铝 LY – 12，厚度分别为 3.0 mm 和 1.5 mm，电导率为 2.08×10^7 S/m，相对磁导率为 1；另外 2 块冷轧钢板的厚度分别为 2.5 mm 和 1.5 mm，电导率为 7.04×10^6 S/m，相对磁导率为 1 000。此时磁场屏蔽主要是利用瞬态场下的涡流抵消作用，低电导率材料主要起支撑作用。仿真计算了单层屏蔽板和双层屏蔽板在稳态激励和暂态激励情况下的屏蔽效果，结果显示屏蔽后磁场峰值衰减 1 个数量级。实验测量验证了双层屏蔽板情况下，屏蔽后屏蔽板外侧 1.5 cm、3.5 cm 和 6.0 cm 的磁感应强度峰值大小，未屏蔽时磁感应强度峰值大小分别为 0.564 T、0.365 T 和 0.241 T，铝板和冷轧钢板均选用厚板时，屏蔽后的磁感应强度峰值大小分别为 0.071 T、0.053 T 和 0.043 T。

5.3.3 多模块脉冲功率电源

对多模块脉冲功率电源，实验测量了多个模块依次触发情况下的磁场波形。其中一个模块电抗器前 10 cm 处的波形分析如图 5 – 23 所示。此时电源电容器充电电压为 6 kV，示波器采样率为 250 MS/s，探头环面的垂直方向与电抗器轴线方向相同。图 5 – 23（a）为环探头输出电压波形，即磁场的时间变化率，图中结果为探头上感应电动势的电压值，从图中可以看出，峰值感应电动势可达 2.3 V 左右。图 5 – 23（b）为探头输出感应电动势信号的频谱，从图中可以看出，信号主要能量仍然集中在低频，主电流对磁场贡献大，为了更好地观察产生的高频信号频谱，对信号作 500 kHz以上的高通滤波。图 5 – 23（c）是感应电动势波形的高频频谱。对探头输出感应电动势作积分处理之后，得到图 5 – 23（d）所示的时域磁感应强度波形，图示峰值磁感应强度幅值为 0.210 T。图 5 – 23（e）和（f）分别为磁感应强度波形的频谱分析图，磁感应强度主要能量的频谱集中在低频，高频部分频谱集中在 1 MHz 以内。

对比图 5 – 23（a）~（f）可知，多个模块情况的测量结果和单模块测量结果差别不大。多模块情况下，在模块充电电压为 8 kV 条件下，在某个模块电抗器前的磁场峰值衰减特性如图 5 – 24 所示。如图 5 – 24 所示，距离电抗器前 5 cm 处，磁感应强度为 0.660 T；距离电抗器前 16 cm 处，磁感应强度为 0.080 T；距离电抗器前 35 cm 处，磁感应强度衰减到 0.016 T。

磁场衰减很快，相邻模块之间磁场耦合程度不强，模块电抗器前的磁场主要是由本地模块电源所贡献。

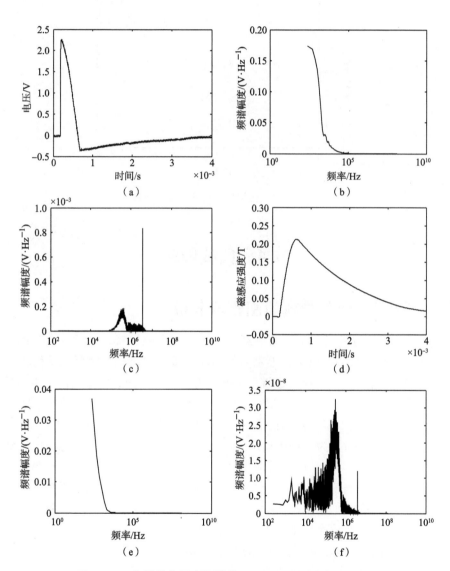

图 5-23 多模块电源电抗器前 10 cm 处波形分析（6 kV）

（a）B 探针波形；（b）B 探针波形频谱；

（c）B 探针波形高频频谱；（d）磁感应强度波形；

（e）磁感应强度波形频谱；（f）磁感应强度波形高频频谱

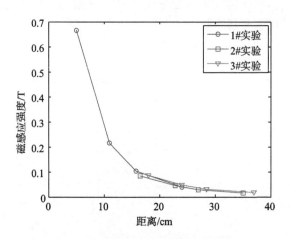

图 5 – 24 多模块电抗器前磁场衰减

5.4 负载导轨

5.4.1 负载导轨周围磁场分析

实验测量了电磁发射系统负载导轨附近的电磁干扰，在脉冲电流的激励下，沿导轨移动的电枢在电磁力的驱动下被发射出去。测量探头距离轨道外 3 cm 远，水平距离轨道端口 10 cm 处，探头方向为轨道电流产生磁场的最大方向。充电电压为 9 kV 时，磁感应强度的测量波形如图 5 – 25 所示。充电电压为 6 kV 时，磁感应强度的测量波形如图 5 – 26 所示。

图 5 – 25 （a）为环探头输出电压波形，图中结果为探头上感应电动势的电压值，由图可知，峰值感应电动势可达 6.5 V。图 5 – 25 （b）为探头输出感应电动势信号的频谱，从图中可以看出，信号主要能量仍然集中在低频，为了更好地观察高频信号频谱，对信号作 500 kHz 以上的高通滤波。图 5 – 25 （c）是感应电动势波形的高频频谱，相比较开关附近量值要大。对探头输出感应电动势作积分处理之后，得到图 5 – 25 （d）所示的时域磁感应强度波形，图示峰值磁感应强度峰值可达 5 T，磁场非常强。图 5 – 25 （e）和（f）分别为磁感应强度波形的频谱分析图，磁感应强度主要能量的频谱集中在低频，高频部分频谱相比较开关附近量值要高，这是由电枢和负载导轨之间接触部分产生的放电引起的。

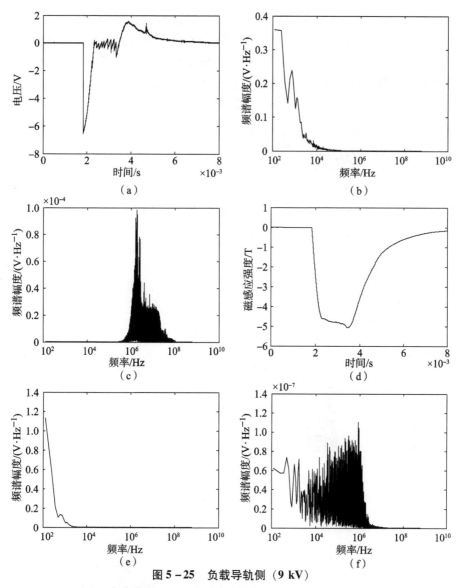

图 5 - 25　负载导轨侧（9 kV）

（a）B 探头波形；（b）B 探头波形频谱；（c）B 探头波形高频频谱
（d）磁感应强度波形；（e）磁感应强度波形频谱；（f）磁感应强度波形高频频谱

图 5 - 26（a）为环探头输出电压波形，峰值感应电动势可达 3.2 V。图 5 - 26（b）为探头输出感应电动势信号的频谱，从图中可以看出，信号主要能量仍然集中在低频，为了更好地观察高频信号频谱，对信号作500 kHz以上的高通滤波。图 5 - 26（c）是感应电动势波形的高频频谱，相比较开关附近量值要大很多。对探头输出感应电动势作积分处理之后，

得到图 5 - 26（d）的时域磁感应强度波形，图示峰值磁感应强度峰值可达
2.8 T，磁场也非常强。图 5 - 26（e）和（f）分别为磁感应强度波形的频
谱分析图，磁感应强度主要能量的频谱集中在低频，高频部分频谱相比较
开关附近量值要高很多，主要由电枢和母线导轨之间接触部分产生的放电
引起，电压水平比图 5 - 25 要略低，高频部分信号强度要小一些。

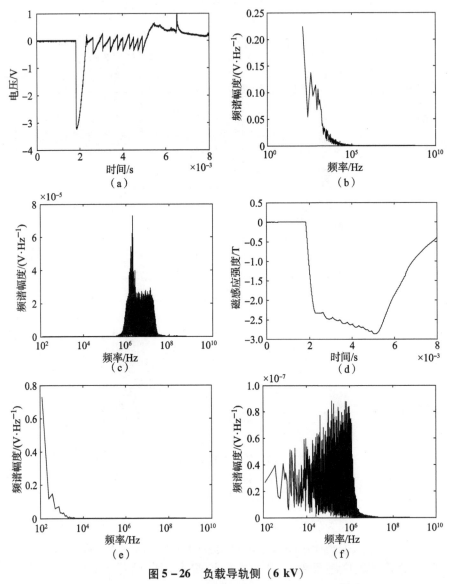

图 5 - 26　负载导轨侧（6 kV）

（a）B 探头波形；（b）B 探头波形频谱；（c）B 探头波形高频频谱；
（d）磁感应强度波形；（e）磁感应强度波形频谱；（f）磁感应强度波形高频频谱

由图 5-25 和图 5-26 可知，多个模块总电流产生的磁场波形与单脉冲电流波形略有不同，是多个单脉冲波形的叠加形状，在顶部有波纹。图 5-27 和图 5-28 分别对应充电电压为 9 kV 和 6 kV 情况下，负载轨道中脉冲电流的总波形。此波形是通过各电源支路电流合成得到的，单个电流通过电流互感器采集得到。可以看出在总电流波形和探头测量磁场波形很相近。

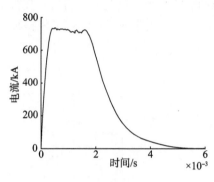

图 5-27   总电流波形（9 kV）

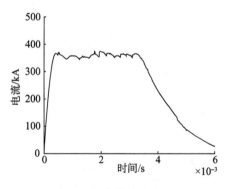

图 5-28   总电流波形（6 kV）

实验还测量了 4 m 长负载轨道上方 7 cm 处，水平距离轨道入端口 42 cm、70 cm 和 113 cm 处的磁场干扰波形，充电电压为 8 kV，分别如图 5-29、图 5-30 和图 5-31 所示，磁场方向为最大磁场方向。图 5-29（a）为环探头输出电压波形，峰值感应电动势可达 18 V。图 5-29（b）为探头输出感应电动势信号的频谱，从图中可以看出，信号主要能量仍然集中在低频，对信号作 500 kHz 以上的高通滤波。图 5 – 29（c）是感应电动势的高频频谱，最高频率比开关附近高。对探头输出感应电动势积分之后，得到图 5 – 29（d）所示的时域磁感应强度波形，图示峰值磁感应强度峰值可达 1.2 T。图 5 – 29（e）和（f）分别为磁感应强度波形的频谱图，磁感应强度主要能量的频谱集中在低频，高频部分最高频率比开关附近高，主要由运动到测量探头位置处的电枢和母线导轨之间接触放电引起。此外，对比分析图 5 – 29（d）和图 5 – 27、图 5 – 30 等电流波形上升沿，距离负载轨道入端口较远处的磁场波形前沿比其余位置波形的前沿要陡很多。这是由于测量点初始位置远离电枢起始位置，电枢高速运动效果使得被测磁场时域波形上升沿变陡。

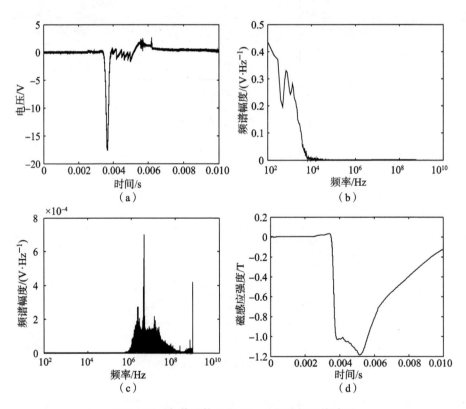

图 5 – 29　负载导轨入端 42 cm 处磁场干扰波形

（a）B 探头波形；（b）B 探头波形频谱；
（c）B 探头波形高频频谱；（d）磁感应强度波形

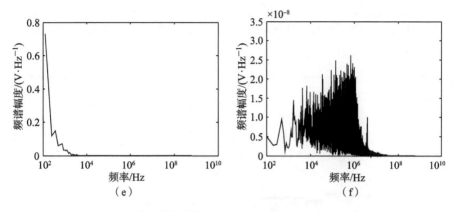

图 5 - 29　负载导轨入端 42 cm 处磁场干扰波形（续）
（e）磁感应强度波形频谱；（f）磁感应强度波形高频频谱

　　图 5 - 30 所示为距离轨道入端 70 cm 处的实验数据。图 5 - 30（a）为环探头输出电压波形，峰值感应电动势可达 26 V。图 5 - 30（b）为探头输出感应电动势信号的频谱，从图中可以看出，信号主要能量仍然集中在低频，为了更好地观察高频信号频谱，对信号作 500 kHz 以上的高通滤波。图 5 - 30（c）是感应电动势波形的高频频谱，相比较开关附近的量值要高很多。对探头输出感应电动势作积分处理之后，得到图 5 - 30（d）所示的时域磁感应强度波形，图示峰值磁感应强度峰值可达 1.15 T，磁场也很强。图 5 - 30（e）和（f）分别为磁感应强度波形的频谱图，磁感应强度主要能量的频谱集中在低频，高频部分频谱相比较开关附近的量值要高很多，主要由运动到测量探头位置处的电枢和母线导轨之间的接触放电引起。此外，可知此处的磁场波形上升沿变陡，测量点初始位置远离电枢起始位置，电枢高速运动效果使得被测磁场时域波形上升沿变陡，上升沿更陡的原因是电枢受电磁力加速运动，距离越远速度越高，观察点磁场波形的上升沿越陡。

　　图 5 - 31 所示为距轨道入端 113 cm 处的测量结果。图 5 - 31（a）为环探头输出电压波形，峰值为 38 V。图 5 - 31（b）为探头输出感应电动势的频谱，主要能量集中在低频。图 5 - 31（c）为感应电动势波形的高频频谱，比开关附近的量值高。对探头输出感应电动势作积分处理后，得到图 5 - 31（d）所示的时域磁感应强度波形，峰值磁感应强度峰值可达 1.18 T。图 5 - 31（e）和（f）分别为磁感应强度波形的频谱图，磁感应强度主要能量的频谱集中在低频，高频部分比开关附近的高，主要由测量探头位置处的运动电枢和母线导轨间放电引起。对比波形的上升沿，可知

此处上升沿变陡，电枢运动效果使得被测磁场时域波形上升沿变陡，距离越大电枢运动速度更高，图 5 – 31 （d） 观察点磁场波形上升沿最陡，环探头感应电动势最大。

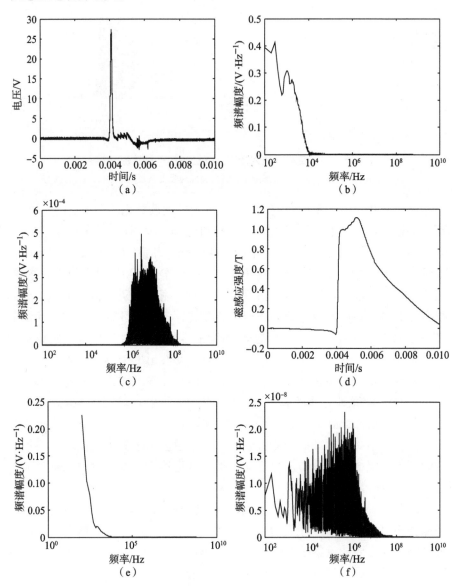

图 5 – 30　负载导轨入端 70 cm 处磁场干扰波形

（a） B 探头波形；（b） B 探头波形频谱；

（c） B 探头波形高频频谱；（d） 磁感应强度波形；

（e） 磁感应强度波形频谱；（f） 磁感应强度波形高频频谱

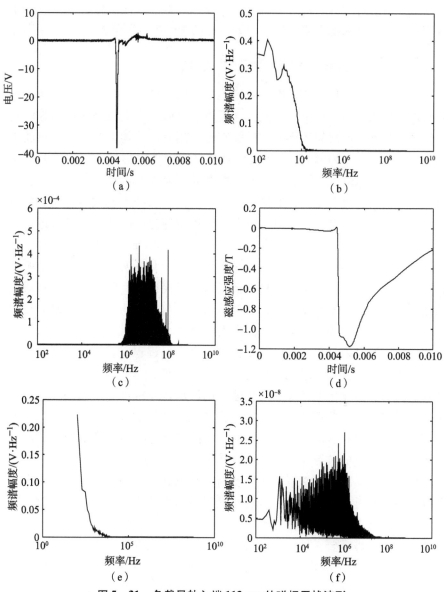

图 5 – 31　负载导轨入端 113 cm 处磁场干扰波形

（a）B 探头波形；（b）B 探头波形频谱；

（c）B 探头波形高频频谱；（d）磁感应强度波形；

（e）磁感应强度波形频谱；（f）磁感应强度波形高频频谱

　　电磁轨道炮发射过程的膛内环境是电磁轨道炮膛内电子元器件及测量装置设计的重要理论基础。本章首先分析了测量装置在实际工作时所处位置的强磁场环境，并给出了仿真结果；其次分析了膛内测量装置面对的过载环境，对抗过载分析进行了研究，在外部因素上以灌封保护为例进行了说明；最后还对内部因素对测量装置设计的影响进行了分析。

5.4.2　炮尾信号频谱特征分析

发射器寿命长期制约着电磁轨道炮技术的发展。寿命问题不解决，电磁轨道炮就无军事应用价值可谈，这是目前电磁轨道炮技术发展面临的首要问题。早期的电磁轨道炮发射试验装置采用等离子体电枢技术，只能进行单次发射[1~3]。20 世纪 90 年代后开始采用固体电枢技术，相继解决了电弧烧蚀和高速刨削等问题后，使发射器的寿命提升到百发量级[4]。若发射器长寿命技术进一步获得突破，达到一定的战术技术要求后，如发射器具备数百发寿命，则电磁轨道炮可在不使用制导弹药的情况下具备近程反装甲、近程（2~5 km）防空反导和远程（10~50 km）火力压制能力，可安装于武器系统体积、质量要求相对较低的平台和场所，用于要地防御和近程海岸防御等。由此可见，只有长寿命技术突破后，电磁发射才具备武器化研制条件[5]。对长寿命发射器的迫切需求与落后的发射器长寿命技术是目前电磁轨道炮技术发展面临的最主要矛盾。

在电磁炮发射过程中，电流变化对整个发射过程有着直接的影响。发射的电流常在兆安数量级别，而电流的脉冲宽度在毫秒数量级[6~9]。在如此强大的电流的作用下，才会产生强大的磁场能量推动弹丸运动，电流是整个发射过程的重要环节，是发射过程的能量转化的基础，电流的微小变化都对发射过程有着深远影响，发射过程的微妙变化也会在电流的波形中体现出来。电流的波形变化过程，也就代表着发射过程[9~12]。

目前，在实验室环境下，对于发射系统的状态检验，还是只能在发射弹丸后对炮管进行零件分解，再观察发射器是否处于正常状态。发射后需要大量时间对系统进行评估，浪费大量时间精力，严重制约实验效率。在作战环境下，也需要一种在发射后可以马上对电磁发射系统状态进行评估的方法。了解发射系统状态，从而可以判断是否要对发射器进行维修，发射状态是否适合继续发射。本书基于 HHT 对发射装置的电流特性进行分析，通过时间－幅值，时间－频率，时间－频率－幅值三维图像说明电流的变化过程，以及对应的物理过程。可以通过电流的异常变化，反映发射系统的异常，判断系统的发射状态。非平稳电流信号的分析和处理，对于电磁发射系统状态的评估以及故障的排除有着深远的意义。

Noreen E Huang 等于 1998 年提出的一种新的信号分析方法：希尔伯特—黄变换（HHT）方法，是历史上首次以傅里叶变换为基础的线性平稳信号分析的一个重大突破，主要应用于非平稳信号的研究。

希尔伯特—黄变换（HHT）方法适用于非线性和非平稳信号的处理，其核心为经验模式分解（EMD）。HHT 先将复杂信号分解出多个本征固有频率（IMF），再对 IMF 进行希尔伯特变换来得到瞬时频率，以此构造希尔伯特时频谱。通过 EMD "筛选" 分解出来的 IMF 都具有以下两个特点：

①信号极值点的数量与零点数相等或相差 1 个。

②信号由极大值定义的上包络和由极小值定义的下包络的局部均值为零。

EMD 方法对于数据的分解其实是一个筛选过程，过程如下：

①找出原始信号 $x(t)$ 的所有局部极大值点和局部极小值点。

②采用三次样条函数插值法拟合出极大值包络 $x_{max}(t)$ 和极小值包络 $x_{min}(t)$，计算获得瞬时平均值 $m_1(t)$：$m_1(t) = [x_{min}(t) + x_{max}(t)]/2$。

③考察 $h_1 = x(t) - m_1(t)$ 是否满足 IMF 的两个条件，一般来说，它并不满足，$h_1(t)$ 进行前两步操作，得到均值包络线 $m_{11}(t)$，进而得到 $h_{11} = h_1(t) - m_{11}(t)$。依次进行下去，直到第 k 步，h_{1k} 满足 IMF 的条件，$C_1 = h_{1k}$，C_1 就是分离出来的第一个本征固有模态函数。

④$r_1(t) = x_1(t) - c_1(t)$ 得到第一个残差 $r_1(t)$，将 $r_1(t)$ 看作原始信号，重复步骤①~步骤④，得到 $r_1(t)$。以此类推，直到残差 $r_n(t)$ 变成单调函数或是常数为止。因此，原始信号 $x(t)$ 可以表示成

$$x(t) = \sum_{i=0}^{n} C_i(t) + r_n(t) \tag{5-3}$$

为了保证筛选出的 IMF 能够在幅值和频率上具有足够的物理意义，需要限制筛分过程的次数。对此，Huang 提出了筛分过程的迭代停止准则。第一种是仿柯西收敛准则：

$$SD = \frac{\sum_{t=0}^{T} |S_{n-1}(t) - S_n(t)|^2}{\sum_{t=0}^{T} (S_{n-1}(t))^2} \tag{5-4}$$

SD 是筛选门限值，一般取值为 0.2 ~ 0.3。第二个准则是由法国的 Gabriel 等提出的双阈值方法，是只要满足波形的极值点和过零点的数目相等，则判定筛选迭代结束。

对每一个固有函数（IMF）做希尔伯特变换：

$$H[C_i(t)] = \frac{P}{\pi} \int_{-\infty}^{+\infty} \frac{C_i(t)}{T - \tau} dt \tag{5-5}$$

对原始信号做整体的希尔伯特谱分析：

$$x(t) = \mathrm{Re} \sum_{i=1}^{n} a_i(t) \mathrm{e}^{\mathrm{j}\omega_i \mathrm{d}t} \qquad (5-6)$$

利用在 10 MJ 电磁发射器上面的三次实验数据进行计算。测量数据为在轨道炮尾部的利用 B 探针测量的炮尾部电压。

通过对数据的分析，在发射初期（0~0.5 ms）和发射中期（4~5 ms），三次发射后，产生的炮尾电压的希尔伯特谱一致。希尔伯特谱的最大信号频率和波动的趋势都一致。但是，三次发射的后期（4~5 ms），希尔伯特谱出现不同的点。第三次发射的最大频率高于前两次的。同时信号波动出现不规律的趋势。波动的次数较前两次发射增加。第三次的发射状态出现不稳定，可能与导轨出现的槽蚀、刨削、转捩等现象有关。

5.4.3 发射器周围频谱特征分析

轨道炮在发射过程中不同阶段所对应的电磁强度持续变化。表 5-3 所示为 7 组电动势数据，这些数据都是用探头从一个 4 m 长的轨道炮上在不同位置和不同高度处采集的。

表 5-3　测量数据

	001	002	003	004	005	006	007
CH1	42 cm 处电动势波形	42 cm 处电动势波形	42 cm 处电动势波形	70 cm 处电动势波形	113 cm 处电动势波形	272 cm 处电动势波形	343 cm 处电动势波形
	距轨道炮 7 cm	距轨道炮 7 cm	距轨道炮 12 cm	距轨道炮 12 cm	距轨道炮 12 cm	距轨道炮 12 cm	距轨道炮 12 cm
CH2	70 cm 处电动势波形	70 cm 处电动势波形	42 cm 处电动势波形	70 cm 处电动势波形	113 cm 处电动势波形	272 cm 处电动势波形	343 cm 处电动势波形
	距轨道炮 7 cm	距轨道炮 7 cm	距轨道炮 9.5 cm	距轨道炮 9.5 cm	距轨道炮 9.5 cm	距轨道炮 9.5 cm	距轨道炮 9.5 cm
CH3	113 cm 处电动势波形	113 cm 处电动势波形	42 cm 处电动势波形	70 cm 处电动势波形	113 cm 处电动势波形	272 cm 处电动势波形	343 cm 处电动势波形
	距轨道炮 7 cm	距轨道炮 7 cm	距轨道炮 7 cm	距轨道炮 7 cm	距轨道炮 7 cm	距轨道炮 7 cm	距轨道炮 7 cm
CH4	炮尾电动势波形	炮尾电动势波形	炮尾电动势波形	炮尾电动势波形	炮尾电动势波形	炮尾电动势波形	炮尾电动势波形

7 个数据组的编号分别为 001～007。每一组数据都由 4 部分组成,分别为 CH1、CH2、CH3 和 CH4。其中 CH4 表示的是炮管的电动势波形。001、002 数组的 CH1、CH2、CH3 数据是在发射过程中分别在炮管的 42 cm 处、70 cm 处和 113 cm 处采集的电动势波形,相应的探头位于轨道炮的 7 cm 处。

003～007 数组分别在轨道炮的 42 cm、70 cm、113 cm、272 cm、343 cm 处测得。这五个数组的 CH1、CH2、CH3 探针分别距离轨道炮尾 12 cm、9.5 cm 和 7 cm。

轨道炮发射过程中的电磁干扰对发射过程及发射人员有很大影响。根据在启动加速阶段和分离阶段测得的磁力,可以计算相应的磁场[13～16]。对轨道炮附近不同位置、不同高度的磁场进行了分析比较。结果表明,电枢位置对磁场有很大影响。瞬时磁场的最大值应位于轨道炮的中间。在同一位置,磁场随高度的增加而迅速衰减。利用小波变换对电动势波形进行了分析,结果表明,小波变换能更准确、清晰地反映电动势的时频能量分布。本书的研究对电磁轨道炮的磁场屏蔽设计具有指导意义,并将促进轨道炮的发展[17]。

轨道炮在发射过程中受到非常恶劣的环境:高加速度水平;轨道炮本身产生的非常高的脉冲磁场;等离子体的电磁发射和轨道炮电路中的瞬变。除了脉冲电流引起的膛内磁场幅值大之外,弹丸从炮口出来时产生的等离子体弧必须加以考虑。炮口处的磁感应强度可以在几微秒快速降为零,从而在弹丸的金属部件中产生非常高的感应电压和电场[18,19]。这种磁场和电磁场可以破坏或影响有效载荷中的电子部件的操作能力[20]。

随着轨道炮的发展,驱动电流幅值越来越大,电磁干扰问题也越来越严重。轨道炮膛内磁场随电枢发射的不同电接触阶段而变化。因此,对电磁轨道炮身管发射过程中的电磁环境进行分析,对未来电磁轨道炮智能弹药的设计、装填系统的人员安全和抗电磁干扰具有重要意义[21～25]。

其中一个探头输出的感应电动势如图 5-32 所示,驱动电流的相应曲线如图 5-33 所示。图 5-32 显示电枢在 2.53 ms 开始加速,驱动电力电容器在 3～5 ms 之间被多次触发,电枢在 6.33 ms 离开炮口,所有特殊时间点均可与图 5-33 对应。

图 5-34 显示了轨道炮在加速度阶段的电动势波。图 5-34(a)是炮尾部的探针测量的电动势,图 5-34(b)是由距尾部 42 cm 的探针测量的电动势,图 5-34(c)是在距尾部 70 cm 处测量的电动势,图 5-34(d)是在距尾部 113 cm 处测量的电动势。从图 5-34(a)可以看出,由于电

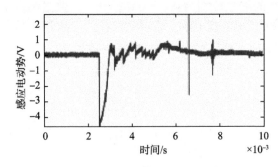

图 5 – 32　001 组的感应电动势

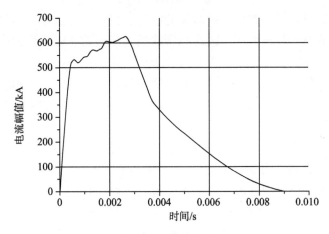

图 5 – 33　电流波形

磁场复杂，发射过程起始阶段的波形是非平稳的。图 5 – 34 还显示，在由放置在距臀部 42 cm、70 cm 和 113 cm 距离处的探针测量的电动势的波峰之后，仍然存在电容器触发。42 cm、70 cm 和 113 cm 处的波形在到达峰值之前是平稳的。在波峰之后，波形的突变对应于臀部波形的突变，证明了电枢到达探头下侧的时间与峰值相对应。

　　小波分析是一种信号时频分析方法，在时域和频域都具有突出的局部化特性。小波分析的结果是信号被分解成不同分辨率的子空间。它适用于分析具有多个频率分量的动态和非平稳信号。小波分析继承和发展了短时傅里叶变换的局部化思想，克服了窗口大小不能随频率变化的缺点。它通过柔性和平移实现信号的多尺度细化。小波变换在高频时具有较高的时间分辨率，在低频时具有较高的频率分辨率。小波分析能够自动适应时频信号分析的要求，从而能够关注信号的任何细节，便于提取更有意义的信息。

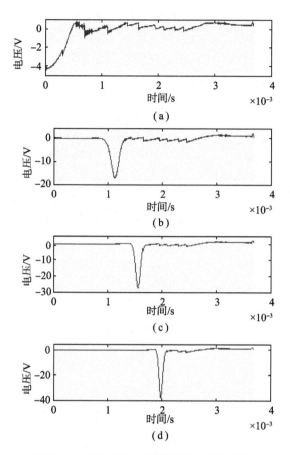

图 5 - 34　001 组的不同位置的感应电动势

　　本章证明了小波变换不仅可以分析感应电动势波形的能量分布，而且可以更细致地分析波形的频率分布和变化。在相同位置但不同高度，电动势波形相似。但感应磁场的能量随高度的增加而迅速减小。相同高度但不同位置的磁场也显著不同。随着离臀部距离的增加，感应磁场强度由弱变强，然后衰减。

　　通过上一节中关于发射器周围瞬态磁场波形的数据测量，特别是在发射器轨道上方、发射器尾部以及端部的数据，综合发射器简化的电路模型，用实验数据进行修正校正，在基于修正的发射器电路模型基础上，本章给出了较为合理的数据外推结论，对大电流幅值条件下的发射器设计以及电磁干扰水平等电磁兼容方面的考虑，有非常重要的工程应用价值。表 5 - 4 给出了发射器不同区域处的电磁干扰水平，并给出了更大电流情况下的干扰水平估计和防护建议。

表 5 - 4　发射器电磁干扰水平

	磁场峰值	频谱范围	干扰特性	～MA 估计	防护建议
轨道段	沿轨道方向，正上方紧贴绝缘外盖板（距轨道上沿 7 cm，最大方向）平台 700 kA 1.18 T（42 cm）8 kV 1.15 T（70 cm）8 kV 1.13 T（113 cm）8 kV	～50 kHz	辐射场主要为低频瞬态强磁场；沿发射方向，随发射速度的不断攀升，在平台电流作用下，由电枢电流导致的磁场变化加剧，对应感应电动势不断攀升；沿垂直方向磁场衰减较快	电流增大只影响磁场的绝对值，只要加速情况一致，磁场波形的变化率不会恶化；不会引起频谱范围的剧烈变化 左侧数据为 700 kA 平台电流，考虑到电流与磁场的正比例关系 ～3.0 T（2 MA）	轨道最大磁场方向的磁场绝对值非常大，即便考虑到磁场随距离的衰减，该处比其他部位恶劣得多，在最大方向上需要保留足够的衰减空间，并要注意高速运动的通电电枢引起的磁场变化率所带来的高感应电动势问题
炮尾	无屏蔽上垂臂下侧（B 方向为最大方向） 总电流平台 700 kA 0.065 T（8 cm）9 kV 0.050 T（10 cm）9 kV 0.008 T（33 cm）6 kV	～10 kHz	当前垂直夹片式汇流臂，最大磁场方向为发射方向；侧向磁场最大方向亦为发射方向，磁场波形受时序变化影响较大，衰减较快	左侧数据为 700 kA 平台电流，考虑到电流与磁场的正比例关系； ～0.20 T(8 cm) 2 MA ～0.15 T(10 cm) 2 MA ～0.04 T(33 cm) 2 MA	对于衰减较快且方向性较强的低频磁场，需要尽可能远离汇流臂，且避开最大磁场方向，特别要避开垂直臂发射的正前方与正后方的最大方向

	磁场峰值	频谱范围	干扰特性	~MA 估计	防护建议
充电机	机箱外侧（RMS值） 31.31 μT（5 cm） 8.5 kV 10.27 μT（10 cm） 8.5 kV 1.770 μT（20 cm） 8.0 kV 充电5 s时刻 100.4 V/m（5 cm） 8.5 kV 94.00 V/m（10 cm） 9 kV 63.20 V/m（20 cm） 6 kV 机箱顶部（RMS值） 2.950 μT（4 cm） 8.0 kV	21.75 kHz	频带窄；磁场衰减迅速；电场衰减慢；绝对峰值不高；前后沿变化率会带来干扰隐患；充电持续时间越长，电场累积效应越强，磁场无此现象	弱相关性；设计参数不变，电磁干扰水平保持不变	避开主频点；减少充电时间，降低电场累积效应；需要有效的接地屏蔽体对低频电场进行隔离
电源	多模块条件下（模块电抗器前最大磁场方向） 100 kJ储能 0.660 T（5 cm） 8 kV 0.080 T（16 cm） 8 kV 0.016 T（35 cm） 8 kV	~1 MHz	最大磁场方向衰减快，多模块之间耦合不强，1 MHz频率的干扰由可控硅开关动作引起；电抗器前磁场非常强，该瞬态低频强磁场需要足够的避让空间	弱相关性；模块设计参数不变，电磁干扰水平保持不变	避开开关动作的频点范围，避让电抗器前、后端最大磁场方向，该干扰场可用高电导率材料进行屏蔽，但应控制附带的电动力在合理的范围

参 考 文 献

［1］ Fair H D . Electromagnetic launch science and technology in the United States enters a new era ［J］. IEEE Transactions on Magnetics, 2005, 41 （1）: 158 - 164.

［2］ Lehmann P. Overview of the electric launch activities at the French - German Research Institute of Saint - Louis（ISL）［J］. IEEE Transactions on Magnetics, 2003, 39 （1）: 24 - 28.

［3］ McNab I R . Pulsed power for electric guns ［J］. IEEE Transactions on Magnetics, 1997, 33 （1）: 453 - 460.

［4］ Shvetsov G A, Rutberg P G, Budin A V . Overview of some recent EML research in Russia ［J］. IEEE Transactions on Magnetics, 2007, 43 （1）: 99 - 106.

［5］ Gai F, Chen S, Jiang H, et al. Analysis of conduction characteristics of field - breakdown triggered vacuum switches ［J］. IEEE Transactions on Plasma Science, 2013, 41 （8）: 2160 - 2165.

［6］ Blasco J, Ghenzi N, Suñé J, et al. Equivalent circuit model for the switching conduction characteristics of TiO2 - based MIM structures, 2014, 29th International Conference on Microelectronics Proceedings - MIEL. 2014: 281 - 284.

［7］ Sorensen C, Fogsgaard M L, Christiansen M N, et al. Conduction, reverse conduction and switching characteristics of GaN E - HEMT ［C］// IEEE International Symposium on Power Electronics for Distributed Generation Systems. IEEE, 2015.

［8］ Heydari H, Abbasi V, Faghihi F . Impact of switching - induced electromagnetic interference on low - voltage cables in substations ［J］. IEEE Transactions on Electromagnetic Compatibility, 2009, 51 （4）: 937 - 944.

［9］ Richard Morrison, Daithi Power. The effect of switching frequency modulation on the differential - mode conducted interference of the boost power-factor correction converter ［J］. IEEE Transactions on electromagnetic compatibility, 2007, 49 （3）: 526 - 536.

［10］ Design and testing of a 10 - MJ electromagnetic launch facility ［J］. IEEE Transactions on Plasma Science, 2011, 39 （4）: 1187 - 1191.

［11］ Ferrero R, Marracci M, Tellini B . Current distribution measurements in rail launcher multibrush armatures during launch ［J］. IEEE Transactions on Instrumentation & Measurement, 2013, 62 (5): 1138 – 1144.

［12］ Liu Y, Lin F, Zhang Q, et al. Design and construction of a rogowski coil for measuring wide pulsed current ［J］. IEEE Sensors Journal, 2010, 11 (1): 123 – 130.

［13］ 曹荣刚, 邹军, 袁建生 . Measurement and analysis of EMF around pulsed power supplies ［J］. High Power Laser & Particle Beams, 2009, 21 (9): 1426 – 1430.

［14］ Dong J, Zhang J, Li J, et al. The 100 – kJ modular pulsed power units for railgun ［J］. IEEE Transactions on Plasma Science, 2011, 39 (1): 275 – 278.

［15］ Lehmann P . Acceleration of a suborbital payload using an electromagnetic railgun ［J］ . IEEE Transactions on Magnetics, 2006, 43 (1): 480 – 485.

［16］ Riccardo Ciolini, Markus Schneider, Bernardo Tellini. The use of electronic components in rail – gun projectiles ［J］. IEEE Transactions on Magnetics, 2009, 45 (1): 578 – 583.

［17］ William O Cobum, Calvin Le, David J DeTroye, et al. Electromagnetic field measurements near a rail – gun ［J］. IEEE Transactions on Magnetics, 1995, 31 (1): 698 – 703.

［18］ Liu Y, Li J, Chen D, et al. Numerical simulation of current density distributions in graded laminated armatures ［J］. IEEE Transactions on Magnetics, 2007, 43 (1): 163 – 166.

［19］ Cao Zhaojun, He Junjia, Wang Zijian, et al. Research on velocity measurement of soild armature by B – dot probes in electromagnetic launch ［J］. High Voltage Engineering, 2006, 32 (6): 56 – 59.

［20］ Paz A, Nyström, Jenny, Thorin E . 2006 IEEE instrumentation and measurement technology conference proceedings ［J］. Biomedical Engineering, 2008: 175 – 179.

［21］ Wang Z, He J, Xia S, et al. Evaluation of solid armature's in – bore position, velocity and current distribution using B – dot probes in railgun experiments ［J］ . IEEE Transactions on Magnetics, 2009, 45 (1): 485 – 489.

[22] Cao R, Li J, Jiao Q, et al. Measure variation of magnetic field waveforms above rails of a railgun during launching period [J]. IEEE Transactions on Plasma Science, 2013, 41 (5): 1475 – 1478.

[23] Cao R, Li J, Jiao Q, et al. Measure variation of magnetic field waveforms above rails of a railgun during launching period [J]. IEEE Transactions on Plasma Science, 2013, 41 (5): 1475 – 1478.

[24] Ling – Ling T, Hao – Jie L. Simulation analysis of railgun in – bore high magnetic field [J]. Computer Simulation, 2014.

[25] Jian – Ping W, Jie Z. Application of wavelet transform in digital image processing [J]. Modern Electronics Technique, 2011, 34 (4): 105 – 108.